配电网规划及自动化技术

郗渊博　蒋达飞　李　楠◎主　编
刘子明　孟　巧　彭晓璐　刘　淼◎副主编

中国建设科技出版社
北　京

图书在版编目（CIP）数据

配电网规划及自动化技术/郗渊博，蒋达飞，李楠
主编.--北京：中国建设科技出版社，2024.12.
ISBN 978-7-5160-4289-2
Ⅰ.TM715
中国国家版本馆 CIP 数据核字第 2024FU7592 号

内 容 简 介

本书基于配电网规划相关的基础内容，对高可靠性配电网的规划思路、配电网的多维协调规划进行了深入探讨，以发展的眼光透视了配电网自动化原理及其规划、配电网的馈线自动化技术、配电网自动化故障处理与运维技术。本书内容全面，在编写中始终体现以知识为基础、以问题为导向、以运用为目的的编写原则，阐释详细、逻辑严谨，既有理论深度，又有示范作用，内容具体直观，可供相关领域教师、研究人员参考，对此领域感兴趣的读者也可阅读。

配电网规划及自动化技术
PEIDIANWANG GUIHUA JI ZIDONGHUA JISHU
郗渊博　蒋达飞　李　楠　主　编
刘子明　孟　巧　彭晓璐　刘　淼　副主编

出版发行：中国建设科技出版社
地　　址：北京市西城区白纸坊东街2号院6号楼
邮政编码：100054
经　　销：全国各地新华书店
印　　刷：北京四海锦诚印刷技术有限公司
开　　本：710mm×1000mm　1/16
印　　张：10.25
字　　数：160 千字
版　　次：2025 年 3 月第 1 版
印　　次：2025 年 3 月第 1 次
定　　价：88.00 元

本社网址：www.jskjcbs.com，微信公众号：zgjskjcbs
请选用正版图书，采购、销售盗版图书属违法行为

本书如有印装质量问题，由我社事业发展中心负责调换，联系电话：（010）63567692

编委会

前　言

目前，我国在经济发展、人民生活和技术应用领域都取得了举世瞩目的成就。配电系统是保证和支撑这些发展成就的非常关键的基础设施。配电网规划是配电网建设投资决策中的关键环节，为电力企业实现可靠、经济与效益三者的协调统一提供保障。因此，配电网规划工作人员全面系统地掌握配电网规划的相关知识非常重要，他们需要有更为系统的专业知识和更具前瞻性的业务能力。

配电系统自动化是综合应用现代电子技术、通信技术、网络技术和图形技术，并与配电设备相结合，将配电系统在正常和事故情况下的监视、保护、控制和供配电企业的工作管理有机融合在一起的综合性先进技术。实践表明，配电系统自动化可以大幅提高配电网安全运行水平，提高供电质量，降损节能，降低配电系统管理运行人员的劳动强度，并充分利用现有设备的能力。

本书基于配电网规划相关的基础内容，对高可靠性配电网的规划思路、配电网的多维协调规划分析进行了深入探讨，以发展的眼光透视了配电网自动化原理及其规划、配电网的馈线自动化技术、配电网自动化故障处理与运维技术。本书内容全面，在写作中始终体现以知识为基础、以问题为导向、以运用为目的的编写原则，阐释详细、逻辑严谨，既有理论深度，又有示范作用，内容具体直观，可供相关领域教师、研究人员参考，对此领域感兴趣的读者也可阅读。

鉴于目前国内外有关智能电网、高级配电自动化技术领域的许多问题尚在研究和探讨之中，加之作者水平所限，书中不足之处在所难免，恳请读者批评指正。

编　者

2024 年 1 月

目　录

第一章　配电网规划概论

配电网既是电力系统的重要组成部分，也是城乡基础设施建设的重要组成部分，其规划、建设与改造直接影响整个电力系统的经济效益和对广大电力用户供电的安全可靠性。当前经济社会的发展对电力的依赖程度越来越高，城镇化建设的加快和新能源产业的发展对配电网的供电能力、消纳能力和供电质量等提出了更高的要求。实现配电网供电可靠性、电能质量及运行效率的大幅提升，完成向现代配电网的升级和跨越，是目前我国配电网建设的主要任务。

配电网规划是建设现代化配电网的重要基础。要想在规模庞大、网络结构复杂的配电网现状基础上建设供电范围更加明确、网络结构更加清晰、联络更加有序、接线方式更加标准、负荷更加均衡、更加安全可靠的现代化配电网，实现中压配电网规划与主网发展、配电自动化建设、地方规划相协调，引领配电网建设，指导电源及用户供电业务扩展接入，需要行之有效的规划方法来科学、统一地开展配电网规划。

第一节　配电网及其发展形势

一、配电网的概念、特征及分类

（一）配电网的概念与特征

近年来，我国经济持续快速发展，能源供应形势日趋紧张。电力是我国主要的能源行业，是国民经济基础产业和公用事业，同时也是资金设备密集的产业①。电力生产过程通常包括发电、变电、送电、配电和售电五个基本环节。由发电

① 张勇军，钟清，陈旭，等．配电网节能规划和运行［M］．北京：中国电力出版社，2009.

厂、输配电线路、变电设备、配电设备和用电设备及其生产过程联结起来的有机整体称为电力系统。而电力系统中，由送电、变电、配电设备及各种电压等级的电力线路所组成的部分称为电力网，简称电网。

配电网属于配电环节，其从输电网或地区发电厂接收电能并通过配电设施就地分配或按电压逐级分配给各类用户，在结构上其由架空线路、电缆、杆塔、配电变压器、隔离开关、无功补偿电容以及一些附属设施等组成。因此，通常将电力网中主要起分配电能作用的网络称为配电网。

新型配电网体系特征包括技术先进、结构合理、灵活可靠、经济高效等。

技术先进是指采用集成、环保、低损耗的智能化设备，应用配电自动化和通信技术，以先进技术标准引领配电网发展；具备信息交互能力，实现电网、电源和客户之间电力流、信息流、业务流的多向流动。

结构合理是指构建输配协调、强简有序、远近结合、标准统一的网络结构，能够抵御各类故障，满足用户可靠供电需求；建设分层分区配电网结构，加强联络的有效性，强化电站之间的联络率，适应高可靠性供电的需求；开展网格化规划，明确 10kV 线路的供电范围，形成具有新型城镇化特色的坚强网架结构。

灵活可靠是指提高调度、运行和控制能力，实现分布式电源和多元化负荷的即插即用；具备故障自动检测、隔离和恢复的自愈能力，供电可靠性和电能质量达到世界领先水平。

经济高效是指优化网络结构和运行方式，减少电能损耗，提高配电设备利用效率，实现资源优化配置和资产效率最优，充分发挥电网效益效率；精细把握负荷的增长，运用设备全生命周期理论，充分利用现有配电网资源，合理控制配电网建设和改造规模，提高配电网投资经济性，进而实现配电网经济效益的整体提升。

配电网作为电力系统中规模最大、分布最广、最具多样性的一个子系统，遍布于人们生产和生活的每一个角落，是为生产和生活提供营养和动力的“毛细血管”，其重要性主要体现在以下几个方面。

第一，配电网是直接与用户相连的系统，是电力系统向用户提供电能和分配电能的重要环节。由于当前电能不能大规模地储存，因此一旦配电网出现故障，不但会造成用户停电，而且会使处于系统上游的发、输电系统也不能正常工作，从而产生连锁反应。从这一点看，其重要性不亚于发、输电系统。

第二，配电网是对用户用电影响最大的子系统。配电网的设备数量多、分布广，其线路长度和元件数量远多于发、输电系统，并且这些元件一般是采用辐射式网络进行连接，故障概率大。据不完全统计，用户停电故障中80%以上是由电力系统中的配电环节的故障引起的。

第三，随着经济的发展和人们生活水平的不断提高，大量的电器设备和电子产品进入千家万户，人们对电能的要求已不仅仅局限于有电可用的层面，对配电网的可靠性和电能质量的要求越来越高。为了满足这些需求，加大对配电网的资金投入是必不可少的。

第四，随着电力市场的发展，电力企业的经营和管理策略逐步从生产管理转向以用户为中心的层面上来。提高供电可靠性和供电质量，加强用户对企业的信任对电力企业自身发展非常重要。同时，提高配电网的供电效率、减少网络损耗，也是从另一个方面提高电力企业的效益和竞争力，为国家的“节能减排”战略做到应尽的责任。

（二）配电网的分类

1. 按照电压等级分类

配电网依据电压等级可分为高压配电网（35～110kV）、中压配电网（6～10kV），低压配电网（220/380V）。在负载率较大的特大型城市中，220kV电网也有配电功能。

（1）高压配电网。由高压配电线路和相应等级的配电变电站组成的向用户提供电能的配电网。其功能是从上一级电源接收电能后直接向高压用户供电，或通过配电变压器为下一级的中压配电网提供电源。高压配电网分为110kV、63kV、35kV三个电压等级，城市配电网一般采用110kV作为高压配电电压。高压配电网具有容量大、负荷重、负荷节点少和供电可靠性要求高等特点。

（2）中压配电网。由中压配电线路和配电变电站组成的向用户提供电能的配电网。其功能是从输电网或高压配电网接收电能，向中压用户供电或向用户用电小区负荷中心的配电变电站供电，再经过降压后向下一级的低压配电网提供电源。中压配电网具有供电面广、容量大、配电点多等特点。我国中压配电网一般采用10kV为标准额定电压。

（3）低压配电网。由低压配电线路及其附属电气设备组成的向用户提供电能的配电网。其功能是以中压配电网的配电变压器为电源，将电能通过低压配电线路直接送给用户。低压配电网的供电距离较近，低压电源点较多，一台配电变压器就可作为一个低压配电网的电源。低压配电线路供电容量不大，但分布面广，除了一些集中用电的用户外，大量是供给城乡居民生活用电及分散的街道照明用电等。低压配电网主要采用三相四线制、单相和三相三线制组成的混合系统。我国规定采用单相220V、三相380V的低压额定电压。

2. 按照供电区域分类

我国中压配电网以10kV电压等级为主。但随着近年来经济的迅猛发展，用电需求急剧攀升，10kV配电系统呈现容量小、损耗大、供电半径短、占用通道多等劣势，配电网建设与土地资源利用的矛盾日益显现，出现了20kV电压等级配电网供电新模式。与35kV电压等级配电网相比，20kV电压等级配电网可降低造价、节约土地、减少电压转换环节、集约利用廊道资源。与10kV电压等级配电网相比，20kV电压等级配电网供电半径增加60%，供电范围扩大1.5倍，供电能力提高一倍，输送损耗降低75%，通道宽度基本相当，在输送功率相同时可减少变电站和线路布点。

3. 按照供电区的功能分类

依据供电区的功能可分为城市配电网、农村配电网等。

（1）城市配电网。随着我国城市化进程的加快，城市现代化建设飞速发展，城市电力负荷迅猛增长，城市用电量占总用电量的比例极高，城市供配电网在整个电力网中的重要性和特点日益显现。

城市配电网负荷相对集中，密度大，供电能力增长快；供电范围分区明确，配电网结构复杂，对电能质量、供电可靠性及调度管理自动化程度要求较高；随着供区范围的扩展，高压配电网电压升级（我国京、津、沪等大城市220kV或330kV已成为市区高压配电网电压）、电缆线路增多、配电设施的投资增大，设计施工、技术管理与服务功能不断提升，城市供配电网已成为特点鲜明的电网分支。

（2）农村配电网。按农村的区域分布和发展现状，农村对于电能的需求与城市相比有极大的差别，形成了农村配电网的特殊格局。

农村用电负荷小而分散，供电线路长、分支多、分布广，电能的输送和分配过程中电能损耗率较高，功率因数较低；农村用电负荷季节性强，设备利用率不高，负荷峰谷差显著。随着新农村建设和城乡统筹发展的改革步伐加快，农村配电网将会不断完善和优化，逐步形成符合中国国情的农村配电网。

4. 按照配电线路的类型分类

依据配电线路的类型分为架空配电网、电缆配电网和架空电缆混合配电网等。

二、配电网主要配电设施

根据配电网的供电模式及网架结构，配电网主要配电设施包括柱上开关、开关站、环网单元、配电室、配电变压器等。

（一）柱上开关

为了提高供电可靠性，对配电网供电线路进行分段。对过长的架空线路，当变电站出线断路器保护段不能满足要求时，可在线路中后部安装重合器或安装带过电流保护的断路器。在规划实施配电自动化地区，断路器性能及自动化原理应一致并预留自动化接口，当发生故障或需要隔离故障时，通过操作断路器以达到故障区域隔离、非故障区域恢复送电的目的。通常将装在电线杆上的断路器称作柱上开关。

（二）开关站

将负荷中心区的功率进行再分配的配电设施称为开关站，也称开闭所。开关站相当于变电站母线的延伸，可用于解决变电站进出线间隔有限或进出线走廊受限问题，并在区域中起到电源支撑的作用。站内设有中压配电进出线、母线（视具体情况设置，也可以不设置）、联络开关（根据母线情况设置）、进出线开关等配电装置，开关站一般配置双电源，取自不同的变电站或同一座变电站的不同母线。开关站接线宜简化，一般采取两路电缆进线、6～12 路电缆出线，单母线分段接线，出线断路器带保护。开关站应按配电自动化要求设计并留有发展余地。中压开关站内必要时可附设配电变压器。其特征是电源进线侧和出线侧的电压相同。

（三）环网单元

相当于分散的开关站，解决变电站出线不足的问题，占地小，接线灵活，也称环网柜或开闭器，用于电缆线路分段、联络及分接负荷。按使用场所可分为户内环网单元和户外环网单元；按结构可分为整体式和间隔式。户外环网单元安装于箱体中时也称开闭器。

环网单元可以使用户从两（多）个方向获得电源。在工矿企业、住宅小区、港口和高层建筑等交流 10kV 配电系统中，因负载容量不大，其高压回路通常采用负荷开关或真空接触器控制，并配有高压熔断器保护，高压开关柜一般习惯上称为环网柜。

（四）电缆分支箱

一般用于中压电缆线路分接负荷，通常为户外式，箱内一般不设开关。

三、配电网的结构

配电网的结构是指由高、中、低压配电线路和联络它们的变/配电所与各电能用户或用电设备连接起来的网络形式。变/配电所和电能用户之间可以采用多种形式的连接方式，因而可以构成不同的供配电网络结构。不同的供配电网络结构对供电可靠性产生的影响不同。在选择电网的接线方式时，我们必须考虑供电可靠、操作安全、有利于自动化、运行灵活、基建投资小、运行费用低、留有发展余地等基本要求。

（一）配电网结构的分类

按供电可靠性配电网结构分为无备用接线和有备用接线两种类型。

1. 无备用接线

无备用接线的网络中，每一个负荷只能从单方向的一条线路取得电能，常有单回路放射式、干线式和链式等基本网络形式。

无备用接线的特点是简单，设备费用较少，运行方便，操作灵活方便，易于实现保护控制和自动化；其缺点是供电可靠性比较低，任一段线路发生故障或检修时都要中断部分用户的供电。在干线式和树状网络中，当线路较长时线路末端的电压往往偏低。

低压系统基本采用无备用接线的网络结构。其特点如下：

第一，对于重要用电设备或负荷密度大的用户，可采用环形、双电源双回路树干式结构或双回路放射式结构。

第二，对于单台设备容量较大的用户或较重要的场所，一般采用放射式结构。

第三，对于非重要用户，其用电性质相近，一般采用树干式结构。

2. 有备用接线

在有备用接线方式的网中，一种简单的接线方式是在无备用网的每一段线路上都采用双回路。这类接线同样具有简单、运行方便的特点，并且对供电可靠性和电压质量都有明显提高，但这类接线设备费用增加比较多。

另一种常见的有备用接线配电网是由一个或几个电源点和一个或几个负荷点通过线路连接而成的环形网络。通常，环形网络的供电可靠性比较高，也比较经济，但这类网络运行调度比较复杂。另外，两端供电网络也是一种常见的有备用接线配电网，其供电可靠性与有两个电源的环形网络相当。

当负荷很大供电可靠性要求很高时，还可以采用比较复杂的闭式网络，如网格式配电网络。

在环形网络和两端供电网络中，每一个负荷点至少可以通过两条线路从不同的方向取得电能，这类接线方式的网络统称为闭式网络。

这类网络接线的特点是符合 $N-1$ 原则的可靠性要求，用电可靠性高和电能质量好，其缺点是线路投资较大，运行操作和继电保护较复杂。

高、中压系统基本采用有备用接线的网络结构。其特点如下：

第一，对于负荷密度大且供电要求高的用户，常选择有备用接线的网络形式。

第二，对于城市非重要用户及郊区和可靠性要求不高的可以采用双回干线式。

第三，对于提供双电源有困难且供电可靠性要求又较高的用户，可以采用双回放射式结构。

（二）我国城市配电网的结构及其特点

由于使用的电压等级不同，配电系统的结构也有所不同。我国城市配电网的几种不同结构及其特点简要介绍如下：

1. 以单一的10(6)kV 电压供电的配电网络(含同时存在10kV 和6kV 的情况)

这种配电网络大多数是在城市市区边缘建立具有35/10(6)kV 双绕组变压器的35kV 变电所或具有110/35/10(6)kV 三绕组变压器的110kV 变电所，由10(6)kV 电压对市区的开关站、配电室或柱上式变压器送电，然后以10(6)kV 或380V(220V)电压对用户供电。在市郊则以35kV、10kV 及380V(220V)电压对用户供电。目前，我国大多数中小城市的配电网络基本上均属此种形式。

2. 以10(6)kV 和35kV 电压供电的配电网络

这种配电网络除在市区边缘建立有35/10(6)kV 的双绕组变压器或110/35/10(6)kV 三绕组变压器的35kV 或110kV 变电所，以10(6)kV、35kV 对用户供电外，一般还在市区中心建立了具有35/10(6)kV 双绕组变压器的变电所，并分别以35V、10(6)kV 及380V(220V)的电压向用户供电。目前我国较大的中等城市即属此类。

3. 以10(6)kV、110kV 电压供电的配电网络

这种配电网络除如上述情况外，在市区边缘建立具有35/10(6)kV 双绕组变压器或110/35/10(6)kV 三绕组变压器的变电所，以10(6)kV 向市区用户供电外，还通过110kV 架空线路或电缆线路在市区内建立110/10(6)kV 直降式变压器的变电所，然后以10(6)kV 电压向用户供电。

4. 同时以10(6)、35、110kV 电压供电并将220kV 引入市区的配电网络

这种网络实际上是上述第2、3两种情况相结合的综合结构的发展。目前国

内一些特大城市如上海即属此类。

四、配电系统接线方式

这里主要介绍 10kV、6kV 的配电系统。配电系统一次接线图可采用放射式接线、树干式接线及环网式接线。其接线形式主要取决于对供电可靠性的要求。

（一）放射式接线方式

1. 放射式配电网的概念及分类

放射式配电网是指一路配电线路自配电变电站引出，按照负荷的分布情况，呈放射式延伸出去，线路没有其他可连接的电源，所有用电所需的电能只能通过单一的路径供给。这种网络主要由降压变电所 3~10kV 侧引出许多单独线路组成。每一个单独线路均向一个或几个配电变电所供电。

（1）单回路放射线式接线。这种接线方式的优点是线路敷设简单，操作维护方便，缺点是可靠性较低，某段线路发生故障时，该段线路上的设备都要停电，影响面较大。

（2）有公共备用干线的放射式接线。如果要提高单回路放射式接线的供电可靠性，可采用有公共备用干线的放射式接线方式。这样，除了具备单回路放射线式接线的优点，另外因有了备用线路，能够保证在电源发生故障时对负荷供电，因而一般可供给二级负荷，若备用电源可靠也可供给一级负荷。

2. 放射式配电网的特点

放射式配电网的特点是配电线可根据用户随时扩展，就近接电，维护方便，保护简单，但供电可靠性不高，灵活性较差，总线路长，不经济。线路及设备发生故障或检修时，就要中断供电，因而放射式配电网一般适用于负荷密度不高、用户分布较分散或供电用户属一般用户的地区，例如一般居民区、小城市近郊、农村地区等。

（二）树干式接线方式

1. 树干式配电网的概念及分类

树干式配电网是指高压电源母线上引出的每路出线，沿线要分别连接到若干负荷点或用电设备。这种网络是由降压变电所 3~10kV 侧引出的一条或几条主干线路，每条主干线路可供给几个配电变电所。

（1）单回路树干式接线。从总降压变电所引出干线，所有的负荷都从该干线接出的分支线直接得到供电。由于总的引出线少，便于减少设备的数量及投资，线路架设简单，其缺点是供电可靠性较差，当干线发生故障时全部干线上的负荷都要停电，一般仅用于三级负荷供电。每条干线引出的分支(变压器的台数)约 6 条。总容量不超过 2000kV·A。

（2）双回路树干式接线。可分为单侧供电双回路树干式和双侧供电双回路对干式两种。双回路树干式供电的可靠性比单回路树干式的要高，但要增加投资，接线方式更复杂。对于双侧双回路树干式，由于多增加一组电源，供电可靠性更高，可以满足负荷的要求。

2. 树干式配电网的特点

树干式配电网的特点是接线比较灵活，易于增加或减少配电变电所的数目，比放射式配电网使用的设备更少，从而简化了网络。任何一个配电所中的变压器均有切断设备，当某一台配电变压器发生故障时，并不影响其他配电所的供电。当主干线上发生故障时，连接这条主干线上的负荷均要停电。通常用来给三级负荷配电，每条干线上安装的变压器约为 5 台，总容量不超过 2000kV·A。

（三）环网式接线方式

1. 环网式配电网的概念及分类

环网式配电网是指配电变电站引出的配电线路连接成环形，每个用电点由各自环上不同部位接出。

简单的环网式配电网是两回配电线路自同一(或不同)配电变电站的母线引出，利用联络断路器(或分段断路器)连接成环，每个用电点自环上 T 形或 N 形支接。当环路上某区段发生故障时，利用分段断路器切换隔离后，其他区段上的负荷可继续供电，这是环网式配电网的特点。将联络断路器断开，只有当某区段发生故障或停电作业时才倒换为闭合的运行方式，称为常开环路方式；而将联络断路器经常闭合的运行方式称为常闭环路方式。

2. 环网式配电网的特点

在几种接线形式中，环网式供电方式可靠性最高。其可以工作在开环或闭环的状态，不论哪一段发生故障，都可以保证非故障段不停电而继续运行。环网式正常运行时一般采用开环运行，环网式配电网的优点是可以提高供电可靠性，减少短路电流，降低线损。但接线方式、保护装置及整定配合比较复杂。

（四）混合式配电网

混合式配电网的接线具有公共备用干线和工作干线的混合式配电网络。正常运行时由 3~10kV 的干线供电给各配电变电所，公共备用干线经常处于不带电状态。当工作干线的任何一段发生故障或检修时，将分段断路器 QF1 和该段进线端断路器 QF2 断开，手动或自动投入备用干线，即可恢复供电。

具有公共备用干线的混合式配电网的供电可靠特点，可以满足二级负荷的需要。如果备用干线由另一电源供电，而且采用自动投入装置，就可以满足一级负荷的需要。混合式配电网的缺点是敷设线路和建造配电变电所需要的投资很大，所以在选择这种网络接线时，一定要进行经济技术方面的比较。

五、配电网的发展形势

我国配电网的发展已有 50 年的历史，在这 50 年中，取得了巨大的成就，也积累了丰富的经验。回顾 50 年配电网的发展，大体可分为以下五个阶段：

第一阶段，即 20 世纪 60 年代末期至 70 年代中期。在这段历史时期内，其建设重点是以安全用电为中心，对电网进行恢复性改造。

第二阶段，即 20 世纪 70 年代中期至 80 年代初期。在这段历史时期内，其建设重点是以降损节能为中心，对电网实行完善化改造。

第三阶段，即 20 世纪 80 年代初期至 90 年代初期。在这段历史时期内，其建设重点是以电网标准化为重点，如建设标准化变电站、标准化电管站等，以科技进步带动配电网的技术改造。在这 10 年中，农村电网的素质有了大幅度的提高，自动化设备开始引入农村电网。

第四阶段，即 20 世纪 90 年代初期至 90 年代末期。在这段历史时期内，农村电网的建设是以建设农村电气化县为中心，旨在提高供电指标，保证向用户供应可靠、优质的电力，深化电网的技术改造和技术进步。

第五阶段，即进入 21 世纪。根据国家对配电网的要求，在这段时期内，进行了大规模的技术改造，其目的是提高配电网的供电可靠性，降低配电网损耗，保证配电网供电电压质量，增加配电网的经济效益，建设现代化的配电网，探索智能配电网。

随着我国经济持续、快速、有序地发展，配电网作为经济发展、人民生活和精神文明建设的重要基础，其发展和规划越来越受到重视，加强城乡配电网的建设和改造仍是未来一段时间内我国电力建设的一项重要任务。配电网建设和改造任务的重点是不断提高配电网供电可靠性、提高电压合格率、降低电能损失率、完善配电网网架结构、提高自动化程度，最终实现构建智能配电网的目标；同时还要促进电力网与电源、输电网与配电网、一次系统与二次系统、有功与无功协调发展，全面提高电力网的效率，逐渐使配电网自动化程度、电能质量、供电可靠性和电能损失率达到国际一流水平。

（一）配电系统发展背景及趋势

配电网是电力系统网络中的重要组成部分之一，其从上级电网或发电站接收电能传输，再将电能进行就地分配或传输给各类用户。传统配电网的潮流一般由上层变电所单方向流入负荷节点，其运行方式较为简单，属于被动运输，无法进行主动控制与管理。随着配电网中分布式发电等众多先进设备的参与，配电网从单向被动传输转变为功率双向传输的有源网，且各类新型元件对配电网中的潮流分布、电压水平等影响很大。传统配电网难以综合考虑各种电源和负荷的运行特性进行调控，也难以满足低碳环保条件下可再生能源发电接入与可再生能源的高效利用。

在这种情况下，国外学者在 2008 年举行的国际大电网会议上初次提出了主动配电网（ADN）这一概念，旨在解决配电侧兼容各类间歇式可再生能源（如风电、光电），提升绿色能源利用率等问题。

主动配电网是能对分布式能源进行主动管理，是善于变换网络构造的配电网，可调度控制各种分布式能源。主动配电网可对电力系统的结构起到支架作用，其主要作用是加大配电网对可再生能源的消纳能力，使配电网运行更加稳定可靠。主动配电网是未来电力系统发展的主要形势之一。

主动配电网较传统配电网而言，接入了风电、光伏发电等分布式电源，以及柔性负荷、储能系统等，有着高比例可再生能源渗透率，可通过主动调控、管理、运行、规划等手段，实现“源—网—荷—储”协同互动。因主动配电网较传统配电网而言更加可靠、控制手段灵活多变、含有大量经济环保的分布式电源及储能，其对发展低碳电力系统和可再生能源消纳有着重大意义。因此，对主动配电网在现有的保护控制方法下进行深度研究，使主动配电网拥有最优的、最安全的运行状态是十分重要的。

（二）配电网发展目标

构建“安全可靠、优质高效、绿色低碳、智能互动”的先进配电网是适应未来电网技术变化、满足电网用户需求的必要举措，也是配电网发展的战略方向。

“安全可靠”要求配电网持续不间断地向用户供电，能够抵御各类不可控外力因素造成的故障，适应各种检修、施工等可控的方式安排。

“优质高效”要求配电网向用户提供优质的电能，同时电网的损耗低、设备利用率高，实现资源优化配置和资产效率最优。

“绿色低碳”要求配电网灵活消纳风能、光伏等各类清洁能源，适应电动汽车等多元化负荷的接入，有效支撑两个替代，推动绿色低碳发展。

“智能互动”是通过“大云物移”等先进技术，优化配电网业务流、信息流和电力流，实现多种能源平滑转换、“源网荷储”友好互动。

网架结构和装备水平是配电网的物质载体，是决定供电可靠性和电能质量的核心要素；自动化、信息化是进一步提升电网品质，提高运行管理效率的辅助技术手段。要构建“安全可靠、优质高效、绿色低碳、智能互动”的先进配电网，必须从优化结构、提升装备、强化管理、促进智能互联等方面入手，多管齐下，有序推进，最终实现配电网内部电力流、业务流、信息流融会贯通，外部与电源、用户、储能友好互动。

目前，我国配电网发展仍存在诸多的薄弱环节，供电可靠性等关键指标与国际先进水平尚有一定差距，尤其农村地区配电网发展相对滞后。因此，建设“安全可靠、优质高效”的配电网，向用户提供高品质电能仍是当前发展的首要任务，应重点关注供电可靠率、电能质量和线损率等核心指标。国家能源结构和产业政策深化调整，电力体制改革全面推进，新技术革命迅速兴起，对配电网智能化水平、资产效率和用户交互等方面提出更高要求。配电网发展将步入“绿色低碳、智能互联”的高级阶段，在确保供电品质的同时，应兼顾设备利用率、终端用能电能占比、分布式电源消纳能力等关键因素。

（三）配电网发展面临的形势

1. “双碳”目标要求城市配电网加速向能源互联网升级

为积极应对全球气候和环境变化挑战，满足《巴黎协定》温控目标要求，国际各主要经济体加快了能源绿色低碳转型进程，美国、欧盟、日本等均承诺在2050年实现净零排放，可再生能源将成为主导能源。我国深入实施“四个革命、一个合作”能源安全新战略，做出“碳达峰、碳中和”承诺，提出构建以新能源为主体的新型电力系统，国务院及相关部委先后发布系列政策文件，加快建立健全绿色低碳循环发展经济体系，国家能源局启动整县(市、区)屋顶分布式光伏开发试点工作，整合各类资源加速推动分布式新能源发展，新能源的发展从规模化开发、远距离输送为主转变为集中式、分布式并重的态势。作为能源互联网建设的主战场，配电网正面临保障电力持续稳定供应和加快清洁低碳转型的双重挑战，必须加快技术革新，实现规划建设、运营管理、体制机制等方面的全面突破，全力保障电力安全可靠供应，满足清洁能源开发、利用和消纳需求，推动全社会电气化水平和能源综合利用效率提升，积极服务“双碳”目标落地。

2. 经济社会发展要求城市配电网不断提高供电保障能力

“十四五”时期，我国立足新发展阶段、贯彻新发展理念、构建新发展格局，全面推动经济社会高质量发展、可持续发展。国家深入实施京津冀协同、长江经济带、长三角一体化等区域协调发展战略，构建国际一流营商环境，培育世界级先进制造业集群，实施城市更新行动、建设新型智慧城市，深入推进以人为核心的新型城镇化战略，以城市群、都市圈为依托，促进大中小城市和小城镇协调联动、特色化发展，使更多的人民群众享有更高品质的城市生活。城市配电网需要深度融合城市发展，推进网架、设备、技术、管理、服务升级，提升供电保障能力和优质服务水平，构建与经济社会高质量发展、人民美好生活需求和产业转型升级相适应的新型配电网，不断增强人民群众的获得感和幸福感。

3. 战略目标要求城市配电网全面实现高质量发展

国家电网有限公司（以下简称国网公司）贯彻落实党中央决策部署，确立建设具有中国特色国际领先的能源互联网企业战略目标，提出“一体四翼”发展总体布局，持续深化国有企业改革，着力创建国际领先示范企业，大力实施提质增效专项行动，为“十四五”配电网建设提供了根本遵循。配电网发展应以更高站位、更宽视野，贯彻战略部署，落实现代设备管理体系建设要求，在配电网建设运营理念、方法、手段、能力等方面适应新形势、新任务和新要求，全面夯实配电网安全基础、转变业务模式，充分挖掘资产价值，以先进技术革新推动配电网全业务、全环节数字化转型升级，全面支撑企业运营绩效提升，实现高质量发展。

（四）配电网规划发展趋势

近年来，国家投放了巨额资金来完成城网、农网改造的跨世纪工程，而提高城网、农网建设和改造的质量，增加经济效益，做好电力网规划更是必要的。这对配电网的发展，对推进配电网的管理体制从计划经济向社会主义市场经济转变，对经济增长方式从粗放型向集约型转变起着至关重要的作用。

当前，影响配电网规划设计的因素有所增加，如不可预测的潮流和线损、DG的接入和运行、智能配电系统的建设等，这些都增加了配电网规划的不确定性。而且，配电网规划作为电力系统规划的一个重要分支会逐渐渗入市场的因素，这将使配电网规划面临新的挑战。综合起来，配电网规划有如下几个发展趋势：

第一，完善配电网网架，规划高效、灵活、合理的配电网。

第二，分布式电源大规模应用于配电网中。

第三，建立配电网规划仿真试验平台。

第四，考虑不确定性因素的、多目标及多种规划技术的综合规划优化。

第五，建立智能配电网技术构架体系。

第六，智能化规划成为配电网规划不可或缺的重要内容。

第七，配电网规划中也将掺入市场因素。

第八，微电网技术得到应用。

第二节　配电网规划的目的和任务

“配电网规划指分析现状，制订发展目标，勾画配电网发展的蓝图并确定配电网建设与改造的措施、工程规模、项目及投资概算，是指导制订建设与改造年度项目计划的依据。配电网的规划不仅是电力网规划的重要组成部分，也是当地市政基础设施改造建设计划的重要内容。”① 做好配电网规划，其实质是技术上先进、经济上合理，有计划、有步骤地实现配电网建设和改造的战略目标，使配电网成为供用电指标先进的电网。规划节约是最大的节约，规划浪费是最大的浪费，所有从事并参与配电网规划的人员应以此为原则。配电网设计的一般要求为：遵守规程，执行政策；安全可靠，先进合理；近期为主，考虑发展；全局出发，统筹兼顾。

一、配电网规划的目的

第一，指导配电网中长期建设和改造，确保配电网、市政建设改造和大型电网协调发展。

第二，促进配电网适度超前发展，优化电网结构，确保提供优质、可靠电能。

第三，促进配电网的优化发展，降低网络损耗，提高投入产出效益，确保电网企业可持续发展。

第四，统一规划远景目标网架和中期网架，做到近中远期目标网架的平滑、合理过渡。

第五，为变电站、电缆通道和架空走廊预留土地，并规划配电网络纳入市政规划，为电网可持续发展争取时间和空间，避免无序发展造成的征地建设成本高、难度大等问题。

二、配电网单元制规划的目的

配电网单元制规划作为破解目前配电网规划难点的全新规划方法，通过对具

① 李天友，林秋金．中低压配电技能实务［M］．北京：中国电力出版社，2012.

体“供电单元”的细致规划，实现配电网整体的精细规划和精益管理。单元制规划的主要目的包括：

第一，系统梳理中压配电网现状问题，明确解决方案，确保电网问题解决方案不重不漏。

第二，明确区域目标网架，合理制订过渡网架方案，远近结合指导配电网有序建设，推进配电网标准化进程。

第三，统筹公共配电网、用户接入、线路迁改等各类中压电网项目，统筹配电自动化、通信、无功等各项专项规划，实现供电单元内部的项目精益管理和跨专业衔接。

第四，整体规划通道资源，规划阶段同步开展通道排查和通道规划，保障规划项目顺利落地。

第五，在供电单元内制定项目方案，体现一项多能的思想，保证规划项目的精准性和经济性。

三、配电网规划的任务

配电网规划主要有两个方面的任务：第一，确定电网未来安装设备规格，如导线电压等级及型号、变压器规格等；第二，确定电网中增加新设备的地点及时间。

由于配电网负荷的特点，配电网规划是一个较为复杂的问题，它需要确定的决策是多方面的，而这些决策又是相互影响的。目前，限于各方面条件，将它们统一在一个模型中考虑有一定困难。

配电网规划应有明确的分期规划目标。配电网规划按照时间划分，可分为近期规划(1~5 年)、中期规划(6~15 年)、远期规划(16~35 年)。“近期规划应着重解决当前城乡电网存在的主要问题，逐步满足负荷发展的需要，提高供电质量的可靠性。要依据近期规划编制年度计划，提出逐年改造和新建的项目。中期规划应与近期规划相衔接，着重将城乡电网结构及设施有步骤地过渡到规划网络，并对大型项目进行可行性研究，做好前期工作。远期规划主要考虑城乡电网的长远发展目标，研究确定电源布局和规划网络，使之满足远期预测负荷水平的需要。”①

（一）近期规划

近期规划是五年规划，其任务如下：

第一，从现有的电网入手，将下一年的预测负荷分配到现有的变电站和线路，进行电力潮流、电压降、短路容量等各项验算，以检查电网的适应度。针对电网中出现的问题，合理规划变电站位置、容量，规划输、配电网网架，确定配电网改造方案。

第二，新电网布局确定后，应对电网的供电可靠性、供电电压质量、电网线损率、电网经济效益等各项指标进行验算，务必使其满足近期规划的目标要求。

（二）中期规划

中期规划通常为十年，其任务如下：

第一，在做好近期规划的基础上，对今后十年电网的发展进行详细的分析论证。将中期预测负荷分配到各变电站和输、配电线路进行各项分析计算，来检查电网的适应度。

第二，针对电网中存在的不适应问题，从远期规划的初步布局中确定比较具体的电网改造方案，其中对大型的建设项目应进行适当的论证。

（三）远期规划

远期规划的时间为二十年，其任务如下：

第一，远期规划是以中期规划的电网布局为基础，根据远期预测来进行各项计算分析。

第二，远期规划主要根据本地区国民经济和社会发展的长期规划来宏观地分析电力市场要求，提出电力可持续发展的基本原则和方向。

第三，远期规划主要研究电网电源的总体规模、电网的基本布局、电网的基

① 柳春芳．配电网规划知识及问答［M］．武汉：华中科技大学出版社，2014.

本结构、电网的主网架等方面的问题。同时对国家的电力技术政策、电力新技术方向等给予必要的关注。

电力发展规划的编制，需坚持统一规划、分期管理的原则，各级电力发展规划应具有不同的工作重点，充分体现下级规划是上级规划的基础、上级规划对下级规划的指导作用，电力发展规划应进行多方案综合评价，借以对资源配置、电源布局、电网结构、建设进度、投资结构等方面进行优化，电力发展规划必须实行动态管理，近期规划应每年修订 1 次，中期规划应 3 年修订 1 次，长期规划应 5 年修订 1 次，有重大变化时应及时调整。

四、新型城镇化配电网规划设计的主要任务

（一）强化配电网统一规划

统一规划城乡配电网，统筹解决城乡配电网发展薄弱问题，促进城镇化建设和城乡均等化发展；配电网与市政规划相协调，在配电网规划的基础上，开展电力设施布局规划，将规划成果纳入城乡发展规划和土地利用规划，实现配电网与城乡其他基础设施同步规划、同步建设；电网电源统一规划，优化电源与电网布局，加强规划衔接，促进新能源、分布式电源、电动汽车充换电设施等多元化负荷与配电网协调有序发展，实现输配电网、一次网架设备与二次系统、公共资源与用户资源之间相衔接。

（二）提升供电可靠性，保障供电服务

结合国家城镇化规划及发展需要，适度超前建设配电网；紧密跟踪市区、县城、中心城镇和产业园区等经济增长热点，及时增加供电能力，消除城镇用电瓶颈。

（三）解决现状问题、优化网架结构

合理规划变电站站址和线路廊道，构建强简有序、相互支援的目标网架，远近结合，科学制订过渡方案；按照供电区“不交叉、不重叠”的原则，合理划分变电站供电范围，解决网架结构不清晰问题；合理设置中压线路分段点和联络点，提升中压线路联络率，提高配电网转供能力。

（四）配电网设备标准化，提升装备水平

完善设备技术标准体系，引导设备制造科学发展；优化设备序列，简化设备类型，规范技术标准，推行功能模块化、接口标准化，提高配电网设备通用性、互换性；注重节能降耗、兼顾环境协调，采用技术成熟、少（免）维护、具备可扩展功能的设备；在可靠性要求较高、环境条件恶劣（如高海拔、高寒、盐雾、污秽严重等）以及灾害高发等区域适当提高设备配置标准。

（五）推广节能技术，实现节能减排

应用先进配电技术，科学选择导线截面积和变压器规格，提升经济运行水平；加强配电网无功规划和运行管理，实现各电压层级无功就地平衡，减少电能传输损失；推广电能替代，带动产业和社会节能减排；加强需求侧管理，引导用户科学用能，积极参与需求响应，提高能源利用效率，促进节能减排。

（六）普及配电自动化和智能技术

1. 加强配电自动化建设

持续提升配电自动化覆盖率，提高配电网运行监测、控制能力，实现配电网可观可控，变“被动报修”为“主动监控”，缩短故障恢复时间，提升服务水平；推广城镇地区集中式配电自动化方案，合理配置配电终端，缩短故障停电时间，逐步实现网络自愈重构；乡村地区推广简易配电自动化，提高故障定位能力，切实提高实用化水平；坚持一两次协调的原则，同步规划建设配电通信网，确保通信带宽容量裕度，提高对相关业务的支撑能力。

2. 满足新能源和分布式电源并网

推广应用新能源发电功率预测系统、分布式电源“即插即用”并网设备等技术，满足新能源、分布式电源广泛接入的要求。

3. 推进用电信息采集全覆盖

加快智能电表推广应用，全面建设用电信息采集系统，推进用户用电信息的自动采集。探索应用多元化、网络化、双向实时计量技术和用电信息采集技术，全面支撑用户信息互动、分布式电源及多元化负荷接入等业务，为实现智能双向互动服务提供信息基础。

第二章　高可靠性配电网的规划思路

配电系统供电可靠性是衡量配电网对用户持续供电能力的一个主要指标，也是供电企业的一项重要技术经济指标，体现了配电网技术、装备水平和企业管理水平。世界上供电可靠性的发展历程大体分为三个阶段：低可靠性水平阶段、迅速发展阶段和高可靠性水平阶段。

（1）低可靠性水平阶段。低可靠性水平阶段是供电可靠性发展的初级阶段。此阶段供电可靠率一般在99%以下，对应的用户平均停电时间一般在87.6h以上，并且每年的供电可靠率指标波动很大。

（2）迅速发展阶段。供电可靠性水平迅速增长，供电可靠率一般在99%以上，对应的停电时间一般在87.6h以下。供电可靠性指标的总体发展趋势是螺旋式上升，每年的供电可靠率指标有一定的波动，但其波动范围要比第一阶段小。

（3）高可靠性水平阶段。供电可靠性水平已增加到很高，供电可靠率指标一般在99.99%以上，对应的用户平均停电时间一般在0.876h（约53min）以下。每年的供电可靠率指标较稳定，只有很小的波动，其波动范围比第一阶段和第二阶段都要小。

随着经济社会的发展，电网供电可靠性水平与用户需求之间的矛盾日益突出。"目前，我国输电网已经相对完善，很少发生严重的大面积停电事故。但配电网架结构相对薄弱、管理水平落后，造成单个低压用户的停电频率高，平均停电时间长，与世界先进水平差距较大。"① 近年来，我国在配电网信息化和自动化方面取得较大进展，极大地促进了配电网运行和管理水平的提升。目前，我国用户供电可靠性水平处于快速发展阶段，正在向高可靠性水平阶段靠近。

---

① 胡列翔，王蕾，杜振东，等．高可靠性配电网接线研究与应用［J］．中国电业·技术，2014（7）：12-16.

第一节 高可靠性配电网特点与规划内容

一、电力系统可靠性的基本概念

可靠性是指一个元件、设备或者系统在预定的时间内，在规定的条件下完成规定功能的能力。它综合反映了对象的耐久性、无故障性、维修性、有效性和使用经济性等。

可靠性贯穿于产品和系统的整个开发过程中，形成了可靠性工程这门学科。可靠性工程涉及元件失效数据的统计和处理、系统可靠性的定量评定、运行维护、可靠性和经济性的协调等各个方面，具有实用性、科学性和实践性三大特点。可靠性工程提供评估理论、实用工具和方法，评估对象在规定的环境下、规定的时间内以给定的置信水平无故障地执行其设计功能的能力，规定、预测、设计、试验或仿真模拟对象可靠性性能，监测对象可靠性水平并反馈到有关的组织管理部门，从而提高对象的可靠性。

电力系统是一个由发电、输电、变电、配电和用电有机结合在一起的一个整体。

发电系统提供整个电力系统中负荷及各种损耗的能量来源，输变电系统将远离用户的发电厂的电能输送到负荷聚集的区域，而配电系统将输变电系统与用电系统连接起来，向用户分配和供应电能。在我国，配电系统又称为供电系统。通常称35kV以上系统为高压配电系统，10(20、6)kV系统为中压配电系统，380/220V系统为低压配电系统。当然，这几个部分不能只按电压来进行严格区分，而必须考虑系统设施的相关功能。

将可靠性工程的一般原理和方法与电力系统的工程问题相结合，便形成了电力系统可靠性的研究课题。在电力领域中，电力系统的可靠性指电力系统持续产生和供应电能的能力。这是20世纪60年代中期以后才发展起来的一门应用科学，它渗透到电力系统的规划、设计、运行和管理等各个方面。与电力系统的构成部分相匹配，电力系统的可靠性也可以分为发电系统的可靠性、输变电系统可靠性、配电系统可靠性几个部分。相应地，发电系统的可靠性是指发电系统持续发电的能力，输变电系统的可靠性是指输变电系统持续输电的能力，配电系统的可靠性是指配电系统持续供配电能的能力。

在已有的研究中，发、输电系统的可靠性理论较为成熟，配电系统的可靠性研究起步较晚，但也已经有了大量关于配电系统可靠性的研究成果。按照电力系统可靠性范围的区分方法，电力系统的可靠性评估可以分为发电系统的可靠性评估、输变电系统可靠性评估、配电系统可靠性评估三个层级。

电力系统在正常的运行状态下，系统能够正常供电，不会出现切负荷的事件。但是如果系统受到某些偶发事件的扰动，如元件停运、负荷水平发生变化、雷击线路等，可能会产生系统的功率失衡、节点电压越限和线路潮流越限等故障的状态，从而会导致切负荷的事件发生。电力系统的可靠性研究的主要内容即系统的偶发故障的概率及其造成的结果分析，对系统的持续供电能力做出快速和准确的评价，并且找出影响系统可靠性水平的薄弱环节以求改善可靠性水平的措施，为电力系统的规划和运行提供决策支持。

所谓供电可靠性，是指在电力系统设备发生故障时，使该故障设备的用户供电障碍尽量减少和使电力系统本身保持稳定运行的能力的大小。其实质是度量配电系统在某一定时间内保持对用户连续充足供电的能力。

配电网的供电可靠性研究对配电网络的扩展规划、运行管理和电能交易等具有重要的意义。电源规划是扩展规划工作的重要内容，在当前可再生能源迅速发展的背景下，配电网络的电源规划成为一个重要的研究课题，配电网网架规划是配电网扩展规划的另一个重要方面，合理的电网规划是建设坚强网架结构、保证电网安全稳定运行的基础，如果在网架规划中忽略可靠性因素可能会造成重大的经济和社会损失。在电网的运行当中，有效地采取以可靠性为中心的检修策略有着很重要的意义。以可靠性为基础，可以寻找系统的薄弱环节，更加有针对性地制定机组和电网的检修方案。在电力市场的环境下可靠性水平成为电力作为商品这一属性中的一个重要的附加值，对于电力的定价策略也有着重要的影响，是定价的主要依据之一。总而言之，可靠性评估不仅具有理论的研究价值，而且还具有很重要的实际意义。

二、配电网高可靠性规划的特点

长期以来城乡配电网用户对供电可靠性的需求存在一定的差异。我国城乡配电网供电可靠性的发展现状也是如此。中心城区自然是负荷密度最高、用户数量最多、供电可靠性要求最高的区域。但是随着新型城镇化建设和乡村地区的发展，此类供电区域也对供电可靠性提出了更高的要求。未来城乡配电网的可靠性管控工作极可能出现统一标准、统一要求的局面，这也是我国城乡一体化发展的一种外在特征。

高可靠性配电网要实现分布式电源的便捷接入、故障自愈的优化运行以及与用户的交流互动，注重电力流、业务流、信息流的一体化整合。高可靠性配电网规划与建设应从配电网现状分析出发，优化网络结构，提高设备选用和自动化应用水平，降低网络损耗，提高供电能力，满足高可靠性电力需求；应从高可靠性角度出发，在规划流程、模式和方法等方面实现创新应用，致力于打造有效接纳分布式能源、终端用户协同互动的高可靠性配电系统。

要开展配电网的高可靠性规划，首先要进一步改善配电网供电可靠性的度量手段。例如，根据故障的类型和故障停电的频率、时长和波及范围，进一步丰富、细化供电可靠性的评估指标，并依据指标的统计分析结果还原、再现停电场景，进而深入分析故障停电与网架结构之间的关联特征，查找网架结构层面的短板，这有助于确定规划方案的优化方向。

此外，影响城市配电网供电可靠性的因素和环节众多，除去网架结构还涉及电网设备水平、供电企业技术水平和运维管理水平等。具体包括带电作业水平、配电设备在线监测普及率、配电自动化水平以及优化综合停电管理、控制临时停电、加大供电应急处理能力、提高检修工作水平、加大用电检查力度、推进状态检修以减少外力因素影响等。所以，需要深入分析这些影响因素与规划方案之间的关联程度，秉承规划与运行相结合的思路，尽量挖掘影响因素在供电可靠性方面的提升潜力。

供电可靠性水平与电网供电能力是密切相关的，供电能力大小取决于变电站站内供电能力和电网供电转移能力。变电站站内供电能力取决于主变的容量及数目。电网供电转移能力取决于联络线路的负载能力及变电站接纳负荷能力。不同接线方式下电网供电转移能力必然有所差异。在变电站容量一定时，对于同一种网络结构，供电可靠性指标将随着负荷密度的增大而发生变化。电网供电能力的大小从根本上决定了配电网供电可靠性的高低。配电网高可靠性规划除了要设计合理的网架结构和变电站接线方式，合理确定分段和联络的数量，还要依据灵活性的规划原则，所形成的规划方案要便于配电网的运行，能够灵活应对各类突发事件。本质上是要实现在故障条件下，依然能够保持一定的电网供电能力。

供电安全性与供电可靠性会对配电网规划产生不同的影响。对供电安全性的认识程度和层次的不同，规划的指导思想也不尽相同，进而影响规划目标和技术原则，并体现在最终的规划方案中。例如，在规划中考虑到应对概率小但危害较大的事件，即所谓的考虑韧性的规划问题，那么规划方案中设备冗余度可能会有所增大。

配电网高可靠性规划需要在众多的供电可靠性提升措施中，选择最有效、最经济的手段，结合网架情况、设备水平和可靠性需求以及经济效益，综合考虑供电可靠性的提升措施与技术方案。面向未来，还要针对 DG、电动汽车、储能、微电网和综合能源系统等新型接入体，分析其运行特性对供电可靠性的需求和影响，探讨现代配电系统的高可靠性规划问题。

三、高可靠性配电网规划的基本内容

（一）变电站规划

变电站规划是制约未来配电网建设的问题。尤其是变电站选址问题，经常出现由于没有及时“占领”变电站站址，造成后期配电网出线建设面临资源不足的困难，不能按照理想情况合理布线，而且此类情况一旦出现往往是无法挽回的。

传统规划中主要根据负荷密度和负荷总量，按照相关导则规定的供电半径，以及实际的区域地理情况，确定变电站的位置和容量，以满足供电需求为目标，并不过多考虑配电网能否灵活方便地实现负荷转供。但这往往会对规划区域的供电可靠性产生较大的影响。因此在可靠性规划中，除了上述常规问题外，还需要考虑变电站与同级变电站和上级变电站之间的互联情况，是否具备形成互联的可用走廊等。

对于变电站的选址，建议在满足中长期负荷需求的基础上“适度超前、争取资源”，并将电力设施布局规划纳入国土空间规划。变电站内部接线方式在规划导则限定的可用接线方式中，根据供电区域负荷对可靠性需求情况选定。

（二）网架规划

网架规划的主要目的除了满足供电需求以外，需要根据可靠性指标的分配结果和负荷对供电可靠性的需求，合理确定中低压配电网络的接线方式；然后结合待规划区域的用地情况，确定线路走廊资源和布线方案。

从实际配电网规划的角度考虑，供电企业当前实行的配电网规划导则和标准中都已经对不同电压等级可以采用的接线方式做出了相关的规定，规划人员只能在规定范围内选择具体的接线方式。鉴于此，可以考虑采用模块化的网架规划模式。即首先根据典型负荷区域的分类标准，对于不同区域预先定制多种典型的、标准的接线方式；在实际规划过程中根据各个负荷区域所属的分类，结合规划人员的经验选取几种接线方式，然后结合可靠性成本效益分析结果确定适用的接线方式；最后根据选定的典型接线方式确定相应的布线方案和设备配置方案。

采用模块化的规划思路，首先，可将待规划区域分解至一个一个较小的有一定相似性且相对独立的单元（例如网格）；在单元内部开展规划，形成一套模块化的、可在相似的单元内复制的规划方案，将所有单元的规划方案叠加即可形成区域的规划。其次，每种模块化的规划方案，其供电可靠性、经济性、灵活性水平相对固定，可以视为模块的固有性质；在实际应用过程中，可以根据不同单元内的实际情况予以匹配，形成有针对性的定制化规划方案，更贴近模块内的用户实际需求。最后，采用模块化的规划思路，可以采用并行的规划设计工作流程，显著提高规划工作效率；而且各个单元内采用的模块数量有限，各个单元的规划方案规模相对较小，便于开展理论建模分析计算，实现投资、可靠性的可算可控，进而便于开展成效校验。

（三）可靠性水平校验

可靠性水平校验依然可以基于模块化思路并采用分层分区的评估模式。首先量化分析每一种接线方式的可靠性水平，并从负荷点主供电路径环节、上下游设备故障影响和负荷点与多电源点的联络情况三个方面出发，分析“环节、联络、相互影响”三大因素对可靠性指标的影响；进而分析计算每个单元的供电可靠性，并逐层累加最终得到待规划区域的整体供电可靠性水平。对于不满足可靠性目标的区域，则对该层次的可靠性指标进行分解，根据“环节、联络、相互影响”三个方面分解得到的关联度情况，确定影响可靠性水平的最严重环节所在，并采取有针对性的可靠性补强措施。

（四）可靠性成本效益评估

提高供电可靠性是以加大电网投资为代价的，但是并不意味着一味地增加配电网投资就一定能取得最好的可靠性提升效果。而且对供电企业而言，用于可靠性提升方面的投资也是有一定限度的，必须在可靠性提升效果和经济效益之间找到一个较为合理的平衡点，也就是所谓的可靠性与经济性的协调问题。因此，必须综合评估可靠性提升措施的实施效果、可靠性提升带来的收益(减少的停电损失)和可靠性提升的投资成本，并根据成本—效益分析法，分析出可靠性投资低成本阶段、高成本阶段和最优点。

第二节　高可靠性配电网规划的关联因素

配电网供电的可靠性实际上是指电能从配电系统输送到用户端口的过程一直保持连续性。配电网处于电力系统的末端，把电力系统和用户用电端口连接在一起。工作人员需要定期检测配电网的可靠性，对可能出现的故障采取防治对策，以更好地保证配电网供电的可靠性。

一、配电网供电可靠性的影响因素

（一）内部因素

供电系统在运行过程中经常会出现突然断电的问题，停电的情况可以分为：一是临时性停电。临时性停电是在停电计划之内的，属于正常情况下的停电。在停电之前，电力企业会提前通知用户，并让用户自行做好停电准备。在停电时间内，工作人员对配电设备展开检修。二是故障性停电。故障性停电是不可控的，属于突发状况。故障性停电出现的原因多是配电设备发生了故障。

影响配电网供电可靠性的内在因素有以下几个：

1. 线路方面

通常情况下，为了保证配电网的正常运行，工作人员会在配电系统中设置一定数量的瓷瓶。但是，瓷瓶是设置在室外的，长期裸露在外，其质量受外部环境影响比较大，瓷瓶使用一段时间后就会出现老化现象或者发生故障，自身的绝缘能力也在不断下降，如果遇到雷雨天气，瓷瓶很有可能出现绝缘击穿而导致漏电的问题。如果配电网系统中某一部分线路出现了超负荷问题或者配电网中的开关未闭合，则配电网就会出现短路问题，从而影响配电网供电的可靠性。在夏季，降雨量较大，雷雨天气比较多，电线杆会出现倾斜甚至是倒地现象。除此之外，很多电线杆下方都有植物，如果植物生长得比较茂盛，接触到配电网线路，线路就无法安全接地，导致线路出现闭合跳闸问题。熔断器是配电网系统中必不可少的配件，但是很多熔断器不符合国家标准，存在质量问题，导致配电网烧毁接点问题的出现。

2. 网架结构

受社会环境的影响，我国很多地区的配电网网架结构不符合国家标准，如果配电网网架结构发生了故障，工作人员无法第一时间赶到故障现场进行维修，就会严重影响到配电网供电的可靠性。因此，国家相关部门也对网架结构提出了最低的要求，就是在网架结构发生故障时，工作人员应第一时间赶到故障现场，并对故障展开维修，保证配电网供电的可靠性。电力企业要想保证配电网供电的可靠性，必须从根源入手，改造配电网网架结构，保证网架结构的绝缘性，增加电源点，降低网架结构故障率。目前，虽然相关部门已经加大了配电网网架结构的研究和开发力度，但是受到经济和技术的限制，无法在短时间内完成配电网网架结构的改造。

3. 变电方面

配电网电流互感器也是设置在外面的，长时间受到风吹、日晒，线路会逐渐老化，且其绝缘能力也会下降，出现放电问题。配电系统中电压互感器的故障包括：一是互感器受潮短路，二是绝缘老化，三是局部放电。配电网变电器的故障包括：一是绝缘损坏，二是开关放电，三是铁芯烧毁。

（二）外部因素

影响配电网供电可靠性的外部因素比较多，其中环境因素是影响配电网供电可靠性的主要因素之一。环境因素主要有：一是雨雪，二是雷电，三是地震，四是洪涝，五是海啸。这些因素是人力无法控制的，属于自然灾害。在发生自然灾害时，配电网设备必定会受到不同程度的损坏，导致停电现象的出现。任何一项工作都需要人来完成，故人员因素也是影响配电网供电可靠性的主要因素，很多工作人员的专业水平较低，经常出现操作不当的问题，会严重影响配电网供电的可靠性。

二、电压与配电可靠性的关联分析

（一）电压偏差对配电可靠性的影响机理

电压偏差是指正常运行方式下，实际运行电压与系统标称电压的相对偏差百分数。不同电压等级系统的允许电压偏差限值各有不同，35kV 及以上供电电压的正负偏差绝对值之和不超过 10%，20kV 及以下三相供电电压偏差限值为±7%；220V 单相供电电压偏差上下限值为+7%、-10%。我国《全国供用电规则》规定低压照明用户的实际电压为额定电压的-10%～+7%，也就是说，低压照明用户的电压在 198～235V 属于正常。由此可见，电压偏差是十分重要的电能质量指标之一。

1. 电压偏差对负荷设备非正常工作的影响机理

电压偏差过大会使用电设备的运行性能恶化，降低生产效率，增加电能损耗，导致产品质量下降或报废，甚至会降低设备的使用寿命，严重时引起设备损坏，威胁用户的用电安全和设备安全。

（1）照明设备。照明常用的白炽灯、荧光灯等设备，其发光效率、光通量以及使用寿命均与电压相关。白炽灯的光通量会随电压降低而减少，而电压偏高会使白炽灯的寿命大为缩短；对于荧光灯而言，电压增大，电流增加，则寿命降低，而电压降低使灯丝预热温度过低，灯丝发射物质发生飞溅也会降低灯管的使用寿命。

（2）异步电动机设备。用电设备中大量使用异步电动机，其电磁转矩、效率和电流与端电压关系十分密切。其最大电磁转矩（功率）与端电压的平方成正比，如果电压降低过多，电动机可能停止运行或无法启动。此外，电压降低时，电动机滑差加大，电流显著增加，导致绕组温度升高，从而加速绝缘老化，缩短电动机寿命，严重时可能烧毁电机；电压过高时，可能损坏电动机绝缘或由于励磁电流过大而过电流，同样也会缩短电动机的寿命。

（3）同步电动机设备。同步电动机的启动转矩与端电压平方成正比，最大转矩与端电压成正比；如果其励磁电流由与同步电动机共电源的晶闸管整流器供给，则最大转矩与端电压的平方成正比。电压偏差对同步电动机的影响与异步电动机相似，只是不会影响转速。

（4）电子设备。电压降低使电视机色彩变差，亮度变暗，屏幕显示不稳定，图像质量变差；电压升高使电子设备阴极加热电流增加，显像管寿命降低。

（5）其他设备。电压偏移过大，会造成电子计算机和控制设备出现错误结果和误工，导致产品质量下降或报废，产量降低，设备损坏，甚至被迫停运。电阻炉等电热设备的热能输出与电压平方成正比，当电压降低时，熔化和加热时间显著延长；电解设备通过整流装置供给直流电流，电压降低使其电能损耗显著加大。

2. 电压偏差对用电量的影响机理

电压偏差可分为电压偏高和电压偏低两种情况。电压偏高并不影响用户设备的正常运行，并且由于电压偏高而导致设备停运在实际中的可能性极低。因此本书主要讨论电压偏低的情况。

电压偏差属于稳态电压质量问题，可通过分析用户负荷的电压静特性研究其有功功率与电压之间的关联关系。根据用户负荷的电压静特性，可粗略地将用户有功负荷分为恒阻抗负荷、恒电流负荷和恒功率负荷三类。

根据负荷的电压静特性不同，随电压变化的各类负荷的用电量变化情况也不同。当电压没有超过设备运行的电压临界点时，恒阻抗负荷的功率随电压的平方下降，恒电流负荷的功率随电压线性下降，恒功率负荷的功率不变。当电压超过电压临界点时，设备不能继续正常运行，发生停运或无法启动，功率大幅下降。此时，用电量自然也随之下降。

（二）电压暂降对配电可靠性的影响机理

电压暂降定义为工频电压均方根值突然下降至0.1~0.9p.u.，持续时间从0.5个周波至1min的现象。短时中断则是指工频电压均方根值突然下降至0.1p.u.以下，持续时间从0.5个周波至1min的现象。随着电子化、计算机化、信息化设备的大量应用，电压暂降是目前最凸显也最受关注的电能质量问题。在许多发达国家，电压暂降已成为影响工商业用户的最主要电能质量问题；在国内，关于电压暂降的投诉也越来越多。

1. 电压暂降对负荷设备非正常工作的影响机理

电压暂降可能导致计算机系统紊乱或重启、调速设备异常跳闸，以及其他机电设备的误操作，还可能引起继电保护装置的误动或拒动。可以预见，设备(自动化生产流水线)的异常，不仅导致可见的生产过程的短暂停顿，甚至是或大或小的生产事故；但更重要的是生产过程中看不见的影响，例如影响印刷精美度、加工精准度等当代工业比较突出的技术指标，继而直接影响产品良品率，造成隐性的生产成本增加。电压暂降对部分设备的影响归纳如下：

（1）低压脱扣器。若未设置延时，当电压暂降发生时低压脱扣器发生脱扣，所连接的设备全部停运，导致用电量大幅下降；若设置延时，当电压暂降发生时，低压脱扣器不发生脱扣，所连接设备中非敏感设备不受影响，敏感设备停运。

（2）交流接触器、继电器。当电压暂降发生时，短时电压下降导致线圈电磁吸力小于弹簧拉力，发生脱扣，所连接的设备全部停运。电压低于70%甚至更高时，交流接触器就会脱扣。

（3）换流器、逆变器。光伏发电等新能源发电装置在电网的渗透率不断提高，大量基于电力电子器件的换流器、逆变器等对电压暂降也很敏感，且随着新能源在电网中比例的不断增加，如果电网故障引起的电压暂降导致新能源发电装置大量脱网，会造成大面积停电。

（4）电动机。电压暂降产生的冲击电流过大时会引起电流保护动作，导致异步电机退出运行；电压低于80%时，直流电机会被跳闸；调速电机在电压低于70%、持续时间超过6个周期时被跳闸退出运行；用于精细加工的调速电机在电压低于90%、持续时间超过3个周期时被跳闸退出运行。

(5) 交流变速驱动器(ASD)。当ASD应用于工业生产过程中，电压暂降会使驱动器跳闸，或使驱动控制器或PWM换流器误动或脱扣，影响或中断生产过程，严重时还会损害生产设备；当ASD应用于日常生活如自动扶梯、电梯中，电压暂降会使电梯或扶梯紧急制动。

(6) 机械装置。对用于切割、钻孔与金属处理等的自动装置或复杂机械来说，电压的任何变化都可能影响被加工部件的质量，任何电压的波动，特别是电压暂降均可能引起自动装置或复杂机械的不安全运行。因此，这种类型的机械装置通常设定在90%额定电压时跳闸。

(7) 气体放电灯。在电压暂降气体放电灯熄灭后，需冷却一定时间，待其放电管内金属蒸气气压下降，金属蒸气凝结后才会再启动，并随着温度逐步升高，发光越来越强直到正常。钠灯冷态启动约5min后进入稳态。熄灭后超20s开始启辉，约3.5min恢复正常照明；金属卤化物灯冷态启动约3min，熄灭后冷却时间长，8~10min后恢复正常照明。

(8) 计算机。电压暂降可能使计算机及电子设备的硬件和软件的运行发生故障或错误，或使设备的低电压保护或快速过流保护动作而使设备电源跳闸，导致设备断电而彻底停止运行。对于由计算机控制的自动生产线、机器人、机械手、精密加工等，在电压暂降时也可能停止工作或产品质量下降。

(9) 可编程逻辑控制器(PLC)。PLC广泛应用于各个行业的自动化控制系统中，一旦其遭受电压暂降事件影响而突然停机重启动或输出指令紊乱，会导致生产过程紊乱、生产设备重启。电压低于81%时，PLC停止工作；电压低于90%、持续几个周期，一些I/O设备被切除。

2. 电压暂降对用电量的影响机理

电压暂降类型多样，不同类型的电压暂降对电网危害程度也不同。对电压暂降进行及时监测并区分电压暂降类型，有利于查明事故原因，保障电网可靠供电。电能质量问题中的电压偏差、谐波、三相不平衡等问题已逐渐为供用电双方所认知、治理，数据特征、治理成本也比较清晰。但同样一个时段(如10min)的数据监测过程，电压暂降的数据量是这些传统电能质量数据的数百倍乃至数千倍。此外，电压暂降具有偶发性、突然性等特点，既受电网系统的内部电气信息的影响，也受电网系统的外部信息(雷雨天气、环境污染、快速变化的负荷等)的影响，使得其监测设备的成本是传统电能质量监测装置的数十倍乃至数百倍。电压暂降的治理技术、治理设备也非常昂贵，这也是电压暂降难以积极治理的主要制约因素。

另外，由于分布式电源、微网、电动汽车等新兴负荷的接入，电能质量问题愈加复杂，电压暂降的成因和波形也越加复杂。在实测电压信号中，电压暂降波形会呈现更为复杂多变的形态，不仅可能包含多级电压暂降，而且存在暂降过程相对“光滑”，暂降起止时刻并不明显的信号。同时，电压暂降信号中往往还夹杂有噪声、谐波、波动等干扰，这些扰动将会增加电压暂降问题的监测及识别难度。如果能对这些实测信号进行分析，有效监测并剔除各种扰动信号，获取不同类型电压暂降的指纹特征信息，并结合合适的模式识别方法，以期未来从大量实测数据中准确检测出电压暂降信号，同时甄别出电压暂降类型，这让供电、用电及设备制造商等多方全面掌握电压暂降特征、有效差异化治理电压暂降问题、提高电网电能质量具有非常重要的作用。但监测设备技术参数和功能的大幅提高，相关价格和监测工作的成本也必然随之增加。

所导致的结果就是，目前电压暂降监测装置、监测数据仍然比较少，针对各行各业的专门性、长期性的监测数据更少，供用电双方对电压暂降的认知大多在于基本概念和数据波形的理解，对电压暂降的起因、影响(尤其是长期性影响)的认知不足。

三、气象条件与配电可靠性的关联分析

配电线路在户外环境下运行，受气象变化的影响较大。许多国家在制定配电系统的可靠性计算准则时，都把天气分为正常天气和坏天气两种。坏天气(包括雷雨和大风暴等)将使配电线路的故障率显著增加。正常天气的持续时间和坏天气的持续时间都是随机的，可用期望值来描述。

若元件在正常天气时故障率为 λ（单位为次/a，下同），坏天气时故障率为 λ'，正常天气的期望持续时间为 N，坏天气的期望持续时间为 S。考虑天气因素的平均故障率为：

$$\lambda_{av}=\left(\frac{N}{N+S}\right)\lambda+\left(\frac{S}{N+S}\right)\lambda' \qquad (2-1)$$

式(2-1)只适用于串联系统，而不适用于并联系统。

假定某元件 $\lambda_{av}=0.5$ 次/a，$N=200\text{h}$，$S=1.5\text{h}$。定义 $F=\frac{\lambda'}{\lambda_{av}}\cdot\frac{S}{N+S}$ 为 λ_{av} 中坏天气故障率所占的比率，则 $1-F=\frac{\lambda}{\lambda_{av}}\cdot\frac{S}{N+S}$ 为 λ_{av} 中正常天气故障率所占比例，于是：

$$\lambda'=\lambda_{av}\frac{N+S}{S}F \tag{2-2}$$

$$\lambda=\lambda_{av}\frac{N+S}{S}(1-F) \tag{2-3}$$

若 $F=0.5$，即全部故障中有 50%发生在坏天气，则：

$$\lambda=\frac{1}{200}[0.5\ (200+1.5)\ \times 0.5]=0.2519\ 次/\text{a}$$

$$\lambda'=\frac{1}{1.5}[0.5\ (200+1.5)\ \times 0.5]=33.5833\ 次/\text{a}$$

可见，虽然天气时间很短(仅 1.5h)，但是坏天气时的故障率比年平均故障率却高得多，这种现象叫作故障积聚效应。故障积聚效应并不意味着元件之间不独立，两个元件的故障仍然是独立的，唯一不独立的是两个元件共同经过的环境。

由 n 个元件串联而成的系统，若每个元件正常天气故障率为 λ，坏天气故障率为 λ'，则系统等效正常天气故障率 λ_e 和坏天气故障率 λ'_e 为：

$$\lambda_e=\sum_{k=1}^{n}\lambda_k \tag{2-4}$$

$$\lambda'_e=\sum_{k=1}^{n}\lambda'_k \tag{2-5}$$

由两个并联元件构成的系统，若考虑正常天气和坏天气，并假定坏天气时不进行修理，那么，系统等效故障率 λ_p 及等效停运时间 r_p（单位为 h/次）可计算如下。令：

$$A=\frac{N}{N+S}\left[\lambda_1\lambda_2(r_1+r_2)+\frac{S}{N}(\lambda'_1\lambda_2 r_1+\lambda_1\lambda'_2 r_2)\right] \tag{2-6}$$

$$B=\frac{S}{N+S}(2\lambda'_1\lambda'_2 S+\lambda_1\lambda'_2 r_1+\lambda'_1\lambda_2 r_2) \tag{2-7}$$

$$\lambda_{\mathrm{p}} = A + B \tag{2-8}$$

$$r_{\mathrm{p}} = \frac{A}{A+B} \cdot \frac{r_1 r_2}{r_1 + r_2} + \frac{B}{A+B}\left(\frac{r_1 r_2}{r_1 + r_2} + S\right) \tag{2-9}$$

式中，λ_1 和 λ_2 为并联二元件正常天气故障率；λ'_1 和 λ'_2 为并联二元件坏天气故障率；r_1 和 r_2 为并联二元件正常天气下强迫停运时间。

当 $\lambda_1 = \lambda_2 = \lambda$，$\lambda'_1 = \lambda'_2 = \lambda'$，$r_1 = r_2 = r$ 时，则可得：

$$A = 2\lambda r \frac{N}{N+S}\left(\lambda + \frac{S}{N}\lambda'\right) \tag{2-10}$$

$$B = 2\lambda' \frac{S}{N+S}(\lambda' S + \lambda r) \tag{2-11}$$

$$r_{\mathrm{p}} = \frac{r}{2} + \frac{B}{A+B}S \tag{2-12}$$

按上例，若 $r = 7.5$h/次，则：

$$A = 2 \times 0.2519 \times \frac{7.5}{8760} \times \frac{200}{201.5}\left(0.2519 + \frac{1.5}{200} \times 33.5833\right) = 0.000216 \text{ 次/a}$$

$$B = 2 \times 33.5833 \times \frac{1.5}{201.5}\left(33.5833 \times \frac{1.5}{8760} + 0.2519 \times \frac{7.5}{8760}\right) = 0.002983 \text{ 次/a}$$

$$\lambda_{\mathrm{p}} = 0.000216 + 0.002983 = 0.003199 \text{ 次/a}$$

$$r_{\mathrm{p}} = \frac{7.5}{2} + \frac{0.002983}{0.003199} \times 1.5 = 5.1487 \text{h/a}$$

如果用年平均故障率 $\lambda_{\mathrm{av}} = 0.5$ 次/年来计算系统的等效故障率，则可得：

$$\lambda_{\mathrm{p}}^{0} = 0.5 \times 0.5 \times \frac{7.5 + 7.5}{8760} = 0.000428 \text{ 次/a}$$

定义 $E = \lambda_{\mathrm{p}} / \lambda_{\mathrm{p}}^{0}$ 为误差系数，则得：

$$E = \frac{0.003199}{0.000428} = 7.47$$

误差系数 E 与每个元件的贡献有关，与整个系统故障率中坏天气发生的故障所占比重有关。

第三节　高可靠性配电网规划的实用技术

一、配电网可靠性评估方法

“配电网可靠性评估是指对配电网设备和网络结构的性能或各种性能改进措施效果是否满足规定供电可靠性要求进行的分析、预计和认定等一系列工作。”① 配电网可靠性评估是可靠性研究中的最重要环节，目前配电网可靠性评估方法综合起来可以分为模拟法、解析法和人工智能算法。

（一）模拟法

模拟法是指运用计算机产生随机数对系统元件的失效事件随机抽样，构成系统失效事件集，并通过概率统计方法建立可靠性指标计算公式的一种电力系统可靠性评估模拟方法。“模拟法适合对复杂配电网进行可靠性评估，但计算精度受到模拟时间和收敛精度等各种因素的限制。”②

配电网可靠性评估的模拟法一般采用蒙特卡罗仿真法。蒙特卡罗仿真法通过模拟元件的故障、老化过程，统计在仿真时间内网络的故障次数和影响范围来获取可靠性指标。该方法能够模拟元件的复杂寿命过程和复杂系统行为，可以充分计及元件的非指数分布的修复时间和重叠故障，为客观评价不同状态下网络的可靠性提供良好的工具。采用蒙特卡罗仿真法既可以提供可靠性指标的期望值，又能得到指标的概率分布，易于察觉某些发生概率小但对系统影响大的事件。

蒙特卡罗仿真法直接运用于配电网的可靠性评估时仍存在较多的缺陷和不足，主要表现在运用该方法仿真所得的可靠性指标的可信度与仿真计算时间和抽样样本数量密切相关，通常为了获得足够的可靠性指标精度，需要大量增加抽样次数，导致计算量增大，计算时间变长，难以满足在线评估的要求。

---

① 王主丁．高中压配电网可靠性评估 实用模型、方法、软件和应用［M］．北京：科学出版社，2018.

② 田洪迅．中压配电网可靠性评估应用指南［M］．北京：中国电力出版社，2018.

（二）解析法

解析法是根据元件之间的功能关系，用公式表示系统的可靠性评估模型，通过模型直接计算可靠性指标的方法。其原理简单、模型准确，已广泛应用于配电网可靠性评估，便于有针对性地进行不同元件性能对电网可靠性的影响分析。

解析法也存在一些不足，主要表现在以下几个方面：

①不能模拟具有多种故障特性的电力元件，仅适用电力元件的状态概率呈指数分布。

②不能计及节点负荷特性的变化。

③计算量随着系统的增大、元件数目的增多而急剧增加。

④不易求解频率指标等。

目前对于解析法的改良主要针对第三个缺陷。针对这个问题的研究非常多，根据考虑元件故障影响范围和配电网网络简化思路的不同，可细分为故障模式影响分析法、最小路法、最小割集法、网络等值法、区域分块法等。

1. 故障模式影响分析法

故障模式影响分析法（FMEA）是利用元件可靠性数据，选择合适的故障判断准则，然后根据该准则将系统状态分为正常运行和故障两大类，进而进行可靠性计算。FMEA 适用于对简单辐射状主馈线系统进行可靠性评估，对带有复杂分支馈线的系统，由于故障模式太多，直接使用 FMEA 有相当的困难，同时，这种方法没有考虑线路传输容量等的限制，计算结果与实际相差较大。

2. 最小路法

该算法先求出每个负荷点的最小路，将非最小路上元件的故障折算到最小路上，从而仅对最小路上的元件与节点进行计算即可得出负荷点的可靠性指标。相对于故障模式影响分析，最小路法可以大幅减少故障事件表的维数。但当系统复杂时，最小路的求取需花费大量时间，计算复杂性较大。

3. 最小割集法

最小割集法是研究可靠性的一种经典方法。一个最小割集是指包含有最少数量，而又最必需的底事件的割集，全部最小割集的完整集合则代表了给定系统的全部故障。最小割集法将待研究的电力元件失效集合限制在最小割集以内，减少了需要分析的故障事件数。

许多学者把最小割集法引入配电网可靠性评估领域，并针对配电网的特殊性，提出一些改良方法。相比故障模式影响分析法和最小路法，最小割集法的计算量有所减少，但是对于复杂的大型配电系统来说，最小割集法仍然非常费时。

4. 网络等值法

该方法的基本思想是利用一个等效元件来代替一部分配电网络，从而将复杂结构的配电网逐步简化成简单辐射状主馈线系统。

网络等值法不需要建立故障事件表，计算量大幅减少，对辐射状配电网而言，该方法具有很好的适应性。对复杂配电网的可靠性评估含向上和向下等效两个过程，其存在不足：①需对子系统进行连续多次等效；②只能得到等效负荷和系统可靠性指标，如果要得到每个负荷点的可靠性指标，还需从等效负荷出发逐步向下分解，计算过程复杂。

5. 区域分块法

配电系统中负荷点可靠性指标不但与故障元件有关，而且与故障后隔离故障，以及恢复供电的开关装置有关。这一结论是区域分块法提出的网络基础。区域分块法紧密联系配电网的实际，实现了从大网络向小网络的简化。该方法在减少分析对象方面的成绩不可磨灭。

（三）人工智能算法

配电网的网络结构和负荷属性(包括负荷大小和用户数)是一类时变的非恒定量，在每种参数状态下，要得到正确的可靠性指标值，模拟法和模拟法都要重新计算。因此，当网络规模较大时，这两种方法必然面临建模难、计算量大、评估时间长等问题。另外，实际的可靠性评估中电气元件的可靠性参数的精确收集非常困难，这些数据通常是不精确的模糊值，现有的方法通常将其当作确定数据处理，必然导致计算结果同实际值存在较大偏差。人工智能算法在模拟事物内在规律、确定输入输出间复杂的相互关系、处理不确定性参数问题等方面具有明显优势，这些优势也被运用到配电网可靠性评估中。

人工神经网络法首先在这一领域得到应用。模糊集理论被引入含负荷不确定性和元件故障属性不确定性的配电系统可靠性评估中。

二、配电网负荷计算方法

（一）电力负荷的分级及其对供电可靠性的要求

在电力负荷中，不同类别的负荷运行特点和重要性各不相同，它们对供电的可靠性和电能的质量要求也各不相同，为了适应不同电力用户的要求，须合理选择供电电源及设计供电系统。

电力负荷按对供电可靠性的要求和供电中断后在政治、经济上造成的损失和影响程度不同，分为一级负荷、二级负荷和三级负荷。

1. 一级负荷及其对供电可靠性的要求

一级负荷是指如果中断供电会造成人身伤亡或重大设备损坏且难以修复，或在政治、经济上造成重大损失的电力用户。中断供电将造成人身伤害，或经济上造成重大损失，或影响重要用电单位的正常工作的负荷，都属于一级负荷。例如，一级负荷故障会使重大设备损坏、重大产品报废、用重要原料生产的产品大量报废、国民经济中重点企业的连续生产过程被打乱需要长时间才能恢复。另外，大型银行营业厅的照明，一般银行的防盗系统，大型博物馆、展览馆的防盗信号电源，珍贵展品室的照明等，一旦中断供电可能会造成银行失窃或珍贵文物、珍贵展品被盗等严重损失。

一级负荷要求有两个独立的电源供电，而对特别重要的一级负荷应由两个独立的电源点供电。独立电源是指一个电源停止供电而另一个电源不会受其影响；独立电源点主要强调几个独立电源来自不同的地点，而且当一个独立电源点停止供电时，其他电源点不会受其影响。

特别重要的负荷也称为保安负荷，对保安负荷必须备有应急使用的可靠电源，以便当电源中断供电后，通过启动备用的应急电源尽快恢复供电。在设计保安电源时不需要考虑保安电源取得的方案和措施。

2. 二级负荷及其对供电可靠性的要求

二级负荷是指中断供电后在政治、经济上造成较大损失，或影响重要用户的正常工作，或造成设备的部分损坏的电力用户。例如，二级负荷故障会使主要设备损坏、大量产品报废、连续生产过程被打乱需较长时间才能恢复、重点企业大量减产等。另外，交通枢纽、通信枢纽等用电单位，以及大型影剧院、大型商场等较多人员集中的重要公共场所等，一旦中断供电会发生秩序混乱。

二级负荷要求由两路电源供电，两路电源应尽可能地取自不同的变压器或母线段。如采用两路电源供电有困难时，允许由一路专用架空线路供电。

3. 三级负荷及其对供电可靠性的要求

不属于一、二级负荷的电力用户均为三级负荷。在建立向某区域供电的供配电系统时，应分别统计（一级负荷中）特别重要负荷及二三级负荷的数量和容量，研究在系统发生故障时，如何根据负荷等级保障不同级别负荷的供电连续性。

三级负荷对供电无特殊要求。

（二）负荷计算的目的与内容

负荷计算的目的是掌握用电情况，合理选择配电系统的设备和元件，如导线、电缆、变压器、开关等，负荷计算过小，则依此选用的设备和载流部分有过热危险，轻者使线路和配电设备寿命降低，重者影响供电系统的安全运行。负荷计算偏大，则造成设备的浪费和投资的增大。为此正确进行负荷计算是供电设计的前提，也是实现供电系统安全、经济运行的必要手段。

负荷计算主要包括以下内容：

（1）求计算负荷(也称需用负荷)。目的是合理地选择各级电压供电网络、变压器容量和电器设备型号等。

（2）求尖峰电流。用于计算电压波动、电压损失，选择熔断器和保护元件等。

（3）求平均负荷。用于计算一幢大型建筑或一个建筑群的电能需要量、电能损耗和选择无功补偿装置等。

高层建筑的负荷计算还应该考虑 15~20 年负荷增加的部分，日本电气工业协会技术委员会对集中住宅的负荷增长率按每年 2%递增。我国虽然还没有这方面的参数，但是由于人民生活水准提高，家用电器增多，对负荷计算也会带来影响。

（三）计算负荷的确定

计算负荷是供电设计计算的基本依据。计算负荷确定得是否正确合理，直接影响到电器和导线电缆的选择是否经济合理。如果计算负荷确定得过大，将使电气设备选得过大，会导致投资和有色金属的浪费；如果计算负荷确定得过小，则会导致电气设备运行时电能损耗增加、温升过高，使其绝缘过早老化，甚至烧毁，造成事故。因此，在供电设计中，应根据不同的情况，选择正确的计算方法来确定计算负荷。

目前，我国设计部门在进行企业供电设计时，经常采用确定计算负荷的方法有：需要系数法、二项式系数法、利用系数法、单位电耗法和单位面积功率法等。需要系数法计算简便，对于任何性质的企业负荷均适用，且计算结果基本上符合实际，因此，这种计算方法采用最广泛。尤其对各用电设备容量相差较小，且用电设备数量较多的用电设备组，这种计算方法最为适宜。二项式系数法则主要适用于各用电设备容量相差大的场合，如机械加工企业、煤矿井下综采工作面等。利用系数法是以平均负荷作为计算的依据，利用概率论分析出最大负荷与平均负荷的关系。这种计算方法虽理论依据较充分，但由于目前积累的实用数据不多，且计算步骤较烦琐，精确度也并不比前两种方法强多少，所以，目前已逐渐不被采用，最后两种方法常用于方案估算。

1. 按需要系数法确定计算负荷

（1）基本公式。在所计算的范围内，用电设备的计算负荷并不等于其额定容量，两者之间存在一个比值关系，因此引进需要系数的概念，即

$$P_{30} = K_d P_e \tag{2-13}$$

式中，P_{30} 为计算负荷；K_d 为需要系数；P_e 为用电设备组所有设备的额定容量 P_N 之和。

导致用电设备的额定容量和计算容量之间差异的原因有以下四种：

①用电设备的设备容量是指输出容量，它与输入容量之间有一个额定效率 η_e。

②用电设备不一定满负荷运行，因此引入负荷系数 K_L。

③配电线路有功率损耗，所以引入一个线路平均效率 η_{WL}。

④用电设备组的所有设备不一定同时运行，故引入一个同时系数 K_{Σ} 。

由此可得需要系数的表达式为

$$K_d = \frac{K_{\Sigma} K_L}{\eta_e \eta_{WL}} \tag{2-14}$$

实际上，需要系数还与操作人员的技能及生产过程等多种因素有关，一般设备台数较多时取较小值，台数较少时取较大值。

在求出有功计算负荷 P_{30} 后，可按下列各式分别求出其余的计算负荷；无功计算负荷为

$$Q_{30} = P_{30}\tan\varphi \tag{2-15}$$

式中，$\tan\varphi$ 为对应于用电设备组 $\cos\varphi$ 的正切值。

视在计算负荷为

$$S_{30} = \frac{P_{30}}{\cos\varphi} \tag{2-16}$$

式中，$\cos\varphi$ 为用电设备组的平均功率因数。

计算电流为

$$I_{30} = \frac{S_{30}}{\sqrt{3}U_N} \tag{2-17}$$

式中，U_N 为用电设备组的额定电压。

（2）设备容量的计算。需要系数法基本公式 $P_{30} = K_d P_e$ 中的设备容量 P_e 的计算，不是简单地将这一组中所用的设备额定容量相加，其计算与用电设备的工作制有关。

用电设备按照工作制可分连续工作制设备、短时工作制设备和断续周期工作制设备三类。

①连续工作制设备是指能够长期连续运行且每次连续工作时间超过 8h 的用电设备，而且运行时负荷比较稳定，如通风机、水泵、空气压缩机、电热设备、照明设备、电镀设备、运输机等，都是典型的长期工作制设备。机床主轴电动机的负荷虽然变动较大，但是也属于长期工作制设备。

②短时工作制设备是指运行时间较短而间歇时间较长的用电设备，如有些机床上的辅助电动机、煤矿井下的排水泵等。

对于一般连续工作制和短时工作制的设备组容量计算，其设备容量是所有设备(不包含备用设备)的铭牌额定容量之和。

③断续周期工作制设备是指工作具有周期性的用电设备，如吊车用电动机，电焊设备、电梯等。断续周期工作制设备，可用“负荷持续率”（又称暂载率）来表示其工作特征。负荷持续率为一个工作周期内工作时间与工作周期的百分比值，用 ε 表示，即

$$\varepsilon = \frac{t}{T} \times 100\% = \frac{t}{t + t_0} \times 100\% \qquad (2-18)$$

式中，T 为工作周期；t 为工作周期内的工作时间；t_0 为工作周期内的停歇时间。

同一用电设备，在不同的负荷持续率工作时，其输出功率是不同的。因此，不同负荷持续率的设备容量(铭牌容量)必须换算为同一负荷持续率下的容量才能进行相加运算。并且，这种换算应该是等效换算，即按同一周期内相同发热条件来进行换算。其换算公式为

$$P_{\varepsilon} = P_{N}\sqrt{\frac{\varepsilon_{N}}{\varepsilon}} \qquad (2-19)$$

断续周期工作制的用电设备常用的有电焊机和起重机电动机，各自的换算要求如下：

电焊机的铭牌负荷持续率 ε_N 有 50%、60%、75%和 100%四种，为了计算简便，可查表求需要系数，一般要求统一换算到 $\varepsilon = 100\%$。由式（2-19）可得其换算后的容量

$$P_{\varepsilon} = P_{N}\sqrt{\frac{\varepsilon_{N}}{\varepsilon_{100}}} = S_{N}\cos\varphi\sqrt{\frac{\varepsilon_{N}}{\varepsilon_{100}}} = S_{N}\cos\varphi\sqrt{\varepsilon_{N}} \qquad (2-20)$$

式中，P_N 、S_N 为电焊机的铭牌容量；ε_N 为与铭牌容量对应的负荷持续率(计算中用小数)；ε_{100} 为其值等于 100%的负荷持续率；$\cos\varphi$ 为铭牌规定的功率因数。

吊车电动机的铭牌负荷持续率 ε_N 有 15%、25%、40%和 50%四种，为了计算简便，可查表求需要系数，一般要求统一换算到 $\varepsilon = 25\%$。因此由式（2-19）可得换算后的设备容量为

$$P_{\varepsilon} = P_{N}\sqrt{\frac{\varepsilon_{N}}{\varepsilon_{25}}} = 2P_{N}\sqrt{\varepsilon_{N}} \qquad (2-21)$$

式中，ε_{25} 为其值为 25%的负荷持续率；P_N 为吊车电动机铭牌上的有功容量；ε_N 为与铭牌容量对应的负荷持续率。

（3）多组用电设备计算负荷的计算。在计算多组用电设备的计算负荷时，应先分别求出各组用电设备的计算负荷，并且要考虑各用电设备组的最大负荷不一定同时出现的因素，应计入同时系数。

总的有功计算负荷为：

$$P_{30} = K_{\sum P} \sum P_{30,\ i} \tag{2-22}$$

总的无功计算负荷为：

$$Q_{30} = K_{\sum Q} \sum Q_{30,\ i} \tag{2-23}$$

以上两式中的 $\sum P_{30,\ i}$ 和 $\sum Q_{30,\ i}$，分别为各组设备的有功和无功计算负荷之和。

总的视在计算负荷为：

$$S_{30} = \sqrt{P_{30}^2 + Q_{30}^2} \tag{2-24}$$

总的计算电流为：

$$I_{30} = \frac{S_{30}}{\sqrt{3}\,U_N} \tag{2-25}$$

由于各组设备的功率因数不一定相同，因此总的视在计算负荷和计算电流一般不能用各组的视在计算负荷或计算电流之和来计算。

2. 按利用二项式法求计算负荷

（1）基本公式。二项式法是考虑用电设备的数量和大容量用电设备对计算负荷影响的经验公式。一般应用在机械加工和热处理车间中用电设备数量较少和容量差别大的配电箱及车间支干线的负荷计算，弥补需要系数法的不足之处。但是二项式系数过分突出最大用电设备容量的影响，其计算负荷往往较实际偏大。其基本公式为

$$P_{30} = bP_e + cP_x \tag{2-26}$$

式中，b、c 为二项式系数；bP_e 为用电设备组的平均负荷，其中 P_e 是用电设备组的设备总容量：cP_x 为用电设备组中容量最大的 x 台用电设备所增加的附加负荷，其中 P_x 是 x 台容量最大的用电设备容量之和。

（2）多组用电设备计算负荷的确定。有多组用电设备组时，要考虑各组用电设备的最大负荷不同时出现的因素，因此在确定总计算负荷时，只能在各组用电设备中取一组最大的附加负荷，再加上各组用电设备的平均负荷，即：

$$P_{30} = \sum (bP_{e})_{i} + (cP_{e})_{max} \tag{2-27}$$

$$Q_{30} = \sum (bP_{e}\tan\varphi)_{i} + (cP_{x})_{max}\tan\varphi_{max} \tag{2-28}$$

式中，$\tan\varphi_{max}$ 为最大附加负荷 $(cP_{x})_{max}$ 的设备组的平均功率因数角的正切值。

关于总的视在计算负荷 S_{30} 和计算电流 I_{30}，仍分别按式（2-24）和式（2-25）计算。

三、配电网负荷预测的技术

配电网中长期负荷预测对于配电系统规划设计具有重要意义。电力负荷与工业产值、农业产值、GDP、气候、人口、人均消费水平等诸多相关因素有着密切的关系。

中长期电力负荷预测的主要方法有分产业产值预估法、分部门预测法、电力弹性系数法、负荷密度法、时间序列法、相关分析法、人均电量指标换算法、回归分析法、人工神经网络预测法、模糊预测法、灰色预测法和专家系统预测法等。

这些方法一般可以归结为两类：基于参数模型的方法和基于非参数模型的方法。

（一）基于参数模型的方法

基于参数模型的方法就是通过分析负荷和影响负荷因素之间定性的关系，从而建立负荷的数学模型或统计模型。基于参数模型的方法多见于经典和传统的预测方法，常见的有如下方法。

1. 产值单耗法

产值单耗法即单位产品耗电法，是通过某一单位产品的平均单位产品用电量以及该产品的产量，得到生产这种产品总产量的总用电量。产值单耗法既可用于短期预测也可用于长期预测，关键是要准确地确定产值单耗指标。

2. 电力弹性系数法

电力弹性系数是电量平均增长率与国内生产总值之间的比值，根据国内生产总值增长速度，结合电力弹性系数得到规划期末的总用电量。由于弹性系数值受到预测期的经济发展水平、产业结构、科技及工艺水平、生活水平、电价水平及节电政策和措施等诸多因素的影响，所以如何确定预测期的电力弹性系数成为这种方法的关键。

3. 负荷密度法

负荷密度法是从地区土地面积(或建筑面积)的平均耗电量出发进行预测。一般，先预测未来某时期的土地面积(或建筑面积)和单位面积用电密度，再得到用电量预测值。分区负荷密度法首先根据近年来的发展情况、经济发展目标以及电力规划目标将待预测区域划分成多个功能区，然后对每个功能区用负荷密度法进行预测，最后相加得到总的用电量预测值。

应用负荷密度法的关键有两点：一是功能区的划分要合理，有代表性；二是各功能区负荷密度指标选取要合理，能反映预测期的实际情况和用电水平。功能区的划分可依照惯例和预测地区的实际情况确定，一般比较容易解决。困难的问题是各功能区负荷密度指标的选取。由于城市负荷相对集中，各功能区也比较容易确定，因此，负荷密度法一般用于城市用电负荷预测。

4. 时间序列法

时间序列法是根据过去的负荷统计数据，找到其随时间变化的规律，建立时序模型，以推断未来负荷数值的方法。其基本假定是：过去的负荷变化规律会持续到将来，即未来是过去的延续。

时间序列模型有自回归(AR)、动平均(MA)、自回归-动平均(ARMA)、累积式自回归-动平均(ARIMA)等模型。

时间序列法是统计模型中最常用的方法之一，它的优点是计算简单，要求的历史数据少，但由于时间序列方法是假定负荷的发展仅仅与时间有关，而没有反映负荷与其他相关因素间的关系，因此不一定总能得到满意的预测结果。

5. 人均电量指标换算法

人均电量指标换算法是指选取一个与本地区人文地理条件、经济发展状况以及用电结构等方面相似的国内外地区作为比较对象，通过分析比较两地区过去和现在的人均电量指标，得到本地区的人均电量预测值，再结合人口分析得到总用电量的预测值。

6. 回归分析法

回归分析法是电力负荷预测的一种常用方法。它根据负荷的历史资料，建立相应的数学模型，实现对未来负荷的预测。用回归分析法进行负荷预测需先确定相关变量和函数关系，然后通过最小二乘法求得模型参数。它分为一元线性回归、多元线性回归、一元非线性回归和多元非线性回归。

回归分析法的主要优点在于它能够通过模型来解释各变量之间的关系，对因果关系的处理是十分有效的。但是在实际问题中，究竟选哪种函数进行拟合事先是无法精确了解的，人们往往是通过直观或凭经验来确定，这将在一定程度上影响预测精度。

（二）基于非参数模型的方法

基于非参数模型的方法不需要事先知道过程模型的结构和参数的有关先验知识，也不必通过复杂的系统辨识来建立过程的数学模型，非常适合于存在非线性、多变量、时变、不确定性的电力负荷预测。基于非参数模型的方法主要有采用专家系统、灰色系统、模糊逻辑和神经网络理论建立的方法，这些方法优于传统方法的地方在于它们考虑了负荷预测系统的鲁棒性，并且在非线性关系下具有分类能力。

1. 专家系统预测技术

专家系统是一个用基于知识的程序设计方法建立起来的计算机软件系统，它拥有某个领域内专家的知识和经验，并能像专家那样运用这些知识，通过推理，在那个领域做出智能决策。一个完整的专家系统由四部分组成，即知识库、推理机、知识获取部分和解释界面。

在中长期负荷预测中，未来的不确定性因素很多，各个地区的经济和电力事业的发展有其特殊性，对未来各种可能引起负荷发生变化的情况，还需要预测人员具有丰富的经验和判断能力，即专家知识在中长期负荷预测中起着很重要的作用。这也正是专家系统预测技术相对于其他方法的优越性。

负荷预测专家系统的研制需要较长时间的原始资料积累和模型修正，开发周期长。专家系统需要考虑的因素很多，各种因素以及它们之间的关系很难量化，因而很难确切地反映在专家系统中。不同的负荷预测专家系统对同样的问题可能做出不同的回答。即使同一个负荷预测专家系统在确定结果时也会因预测人员的不同而不同。专家系统分析本身就是一个耗时的过程，并且由于某些复杂的因素即使知道其对负荷的影响，但要准确、定量地确定它们对负荷的影响也常常是很困难的事。

2. 灰色预测法

灰色系统理论是中国学者邓聚龙教授于 1982 年首先提出来的。短短二十多年里，该理论在社会、经济、生态等领域得到了迅速发展。相对于一定的认识层次，系统内部的状态信息部分已知、部分未知，即信息不完全，这样的系统称为灰色系统。灰色系统理论将一切随机变化量看作在一定范围内变化的灰色量，常用累加生成(AGO)和累减生成(IAGO)的方法，将杂乱无章的原始数据整理成规律性较强的生成数据列。用灰色模型的微分方程作为电力系统单一指标(如负荷)的预测时，求解微分方程的时间响应函数表达式即为所求的灰色预测模型，对模型的精度和可信度进行校验并修正后，即可依据此模型预测未来的负荷。此法适用于短、中、长三个时期的负荷预测，在建模时不需要计算统计特征量。从理论上讲，可以适用于任何非线性变化的负荷指标预测。但不足之处是其微分方程指数解比较适合于具有指数增长趋势的负荷指标，对于具有其他趋势的指标则有时拟合优度较大。

由于影响电力负荷的因素众多，关系复杂，难以被一一分析清楚，因此具有灰色特性。随着经济的发展，电力负荷总体上呈增长趋势，是一个非负递增数列，符合灰色预测模型的基本条件，故可以把它看作一个灰色系统。而且，灰色预测具有要求原始数据少、原理简单、不考虑分布规律、运算方便、可检验等优点。因此，灰色系统理论在负荷预测中得到了广泛应用，在国内多个省份的实例计算表明，它具有计算简单等优点。

四、配电网降低线损的技术

降低线损的技术措施一般分为建设措施和运行措施两部分。还可通过调节线路电压的措施达到技术降损的目的。

（1）降低线损的建设措施一般是指需要靠投资来改进系统网络结构的措施。

（2）降低线损的运行措施一般是指在日常运行中通过改进系统网络来降低线损的措施。

（3）降低线损的技术措施还可通过调节线路电压的方式实现。

在负载功率不变的条件下，提高线路电压，线路电流会相应减少，线路损失会随之降低。如果将 6kV 升压到 10kV，线路损失降低 64%，将 10kV 升压到 35kV，线路损失会降低 92%。在负载容量较大、离电源点较远的情况下，宜采用较高电压等级的供电方式。提高配电线路供电电压会增加配电变压器的损耗。因变压器空载损耗与所加电压的平方成正比，有时提高电压会使综合损失增加，所以要结合线损、变损综合考虑。线路负荷高峰期应提高电压，低谷时不宜提高电压；变压器空载损失功率大于线路损失功率时不宜提高电压，而应适当降压。低压线路提高供电电压也会增加机械电能表电压线圈的电能损失，但一般来说线路损失远大于电能表线圈损失，所以提高低压线路电压是减少低压线损的一项有效措施。

（一）降低线损的建设性措施

1. 强化电网结构

健全合理的电网结构，简化电压等级，减少重复的变电容量，并根据需要和功能对电网进行升压改造工作。电网升压是降低线损的有效措施，这是由于在电力负荷不变的条件下，电压提高后电流将相应减少，可变损失将相应降低。

2. 提高进入市区和工业负荷中心的配电电压等级

目前，以 10~35kV 为主的配电电压等级已不能满足需要。考虑到线损电量中 70%左右的可变损失随负荷功率的平方变化，如果不设法减小供电半径，不但电压质量得不到保证，线损电量也将大幅度增加。因此，很多大中城市已将

110kV 和 220kV 电压等级作为配电电压引入市区负荷中心或工业用电负荷中心，达到降损和合理、可靠供电的目的。

3. 设置合理的无功补偿装置

通过设置无功补偿装置，提高功率因数水平，搞好电网无功功率平衡，减少无功电能输送。设置无功补偿装置降低线损是基于在用电负荷的有功功率 P 保持不变的条件下，提高功率因数可减少负荷的无功功率 Q 和负荷电流 I，从而达到降低线损的目的，可参见下式：

$$\Delta P\% = (1 - \cos^2\varphi_1 / \cos^2\varphi_2) \times 100\% \tag{2-29}$$

式中，$\Delta P\%$ 为可变损失降低百分数；$\cos\varphi_1$ 为原有的功率因数；$\cos\varphi_2$ 为补偿后功率因数。

（二）降低线损的运行措施

降低线损的运行措施如下：

第一，按有关规定，不断完善网络结构，降低技术线损，不断提高电网的经济运行水平。

第二，制订年度节能降损的技术措施计划，分别纳入大修、技改等工程项目安排实施。要采取各种行之有效的降损措施，重点抓好电网规划、升压改造等工作。要简化电压等级，缩短供电半径，减少迂回供电，合理选择导线截面积和变压器规格、容量，采取防窃电措施，淘汰高能耗变压器。

第三，根据《电力系统电压和无功电力技术导则》《电力系统电压质量和无功电力管理条例》及其他有关规定，按照电力系统无功优化计算结果，合理配置无功补偿设备，提高无功设备的运行水平，做到无功分压，分区就地平衡，改善电压质量，降低电能损耗。

第四，积极应用现代化科技手段，推广新技术、新工艺、新设备和新材料，依靠科技进步来降低技术亏损。如选择低损耗变压器等电力设备，并根据实情，合理地按经济电流密度选择线路导线的截面积。根据电网的负荷潮流变化及设备的技术状况及时调整运行方式，实现电网的经济运行。

五、增量配电网多维精益化管理技术

增量配电网原则上是指 110kV 及以下电压等级电网和 220(330)kV 及以下电

压等级工业园区（经济开发区）等局域电网，不涉及220kV及以上输电网建设。

在企业发展和内外部环境的压力下，电力相关企业逐步探索和实践精益管理，逐步建立有效的管理方式，激发企业创新动力。通过研读和分析精益化管理理论可知，对增量配电网规划管理工作进行优化时，要坚持走精益化路线。

（一）网格化市场需求预测与评估管理

增量配电网的收益来源于负荷的增长和电量的销售，负荷增长快、电量销售多是投资者衡量增量配电市场投资性价比的基本考量因素，因此科学合理的市场需求评估预测决定了投资主体的投资决心和投资决策。

（二）网格化增量配电网架规划管理

1. 高压网架规划管理

增量配电网高压网架规划应遵循标准化、差异化的规划建设原则，以深入分析现状问题为出发点，对问题进行梳理、分解。分别采用“自上而下”定容量和“自下而上”校验协调的方法，统筹考虑高中低压电网规划建设的协调性。依托负荷预测结果及电力平衡情况，确定各电压等级变电站座数，再参考控规中用地布局情况，结合变电站的供电半径，进行新增变电站布点，将各变电站布置在负荷中心，以便就近供带负荷。

最终，将规划建设的思路落到完善网架结构、提高供电能力的项目上，全面促进电网规划建设项目落地，确保电网发展规划与政府规划有机衔接和有效落地，并正确、全面地纳入政府规划体系，发挥电网饱和目标规划的引领作用，促进电网科学发展，体现行业规划的宏观性和指导性。

2. 中压网架规划管理

采用由远及近的规划思路，中压网架规划管理具体分三步走：首先，绘制配电网远景发展蓝图。其次，寻找配电网建设和城市发展、居民生活中的平衡点。最后，为近中期建设工作提供指导性意见。近期方案具体到每个项目，建立项目库，为未来几年配电网建设项目可研、资金安排等工作提供具体依据。

（三）网格化配电网规划执行管理

将执行管理节点纳入网格化配电网规划管理流程，目的就是使配电网规划真正得以实现。具体而言，就是在评审网格化配电网规划之后，生成配套策略，以闭环的方式监控所有小网格，切实了解日常管理中配电网规划的落实情况。通过对比，判断规划是否偏离了目标，若有则找出造成偏离的原因，采取相应的改进措施，纠正偏离，保证配电网规划落地，要从成本、绩效、风险等角度去考察网格化配电网规划执行管理的落实情况，这样才能提升建设效率，减少浪费，在技术和经济上获得理想的回报，顺利达成最初的建设目标。

（四）增量配电网规划后评价管理

为了避免增量配电网规划受主观人为因素的影响，保证规划编制的质量，通过全电网和区域目标的实现程度反映每个网格规划方案的可操作性。实践中，可以从以下几个方面来校核网格化配电网规划成果：一是分析网格化规划的技术类型。检查和评估是否存在重大安全隐患，如供电能力弱、过载现象，还要理顺电网运行质量与网格化规划之间的相关性，以免配电网绩效因电网被划分为若干小网格而受影响。二是分析网格规划的经济性。评估网格划分有无导致大量资产报废的后果，以及现有资产是否得到合理的分配和使用。比如：划分网格的过程中要谨慎地选择中压路径，选择时要以电网现状和愿景网架作为参考依据，避免造成大量资产报废。三是要协调和处理好全局电网规划目标、区域网格内优选方案、单一网格内规划方案之间的关系，以免因三者间的矛盾而影响规划效益。

第三章　配电网的多维协调规划分析

电力系统作为一个由多个电压等级组成的、即发电、输电、配电、用电同时完成的复杂的巨系统，任何一个薄弱环节都可能导致电网整体效益不能完全发挥，甚至造成其他部分投资和容量能力不能够完全发挥作用，因此，有必要从多个角度规划分析会影响电网协调发展的相关因素。

第一节　基于网格化的配电网协调规划

配电网涉及电压等级多、覆盖面广、项目繁杂、工程规模小，同时又直接面向社会，与城乡发展规划、用户多元化需求、新能源和分布式电源发展密切相关，建设需求随机性大、不确定因素多，加之配电网工程规模小、建设周期短等特点，对精益化管理的要求更高。为了适应当前配电网发展趋势，推动创新规划思路，完善规划方法，支撑配电网未来发展，因此，配电网网格化规划应运而生。

配电网网格化规划就是打破碎片化布局，按照标准化思路、颗粒度网络，遵循土地利用和时间发展规律，以目标网架为引领、开发时序为依据，科学布置高压、中压甚至低压电力设施，并统筹配电网自动化、通信、保护配置等方面。其理念核心是以网格(单元)为单位对负荷需求的大小、空间位置以及时间变化进行从点到面的统筹规划，将电力设施规模、数量、分布等准确置于地块中进行电能区块化配送，从而提高规划方案的适应性和可实施性，实现精准投资目标，与地区发展规划有效衔接。

一、基于网格化的配电网规划工作流程

将网格化规划工作流程划分为前期资料收集、网格化体系构建、电网诊断与

评估、电力需求预测、规划方案编制、成效分析和成果固化七个步骤。

（1）前期资料收集。前期资料收集是网格化规划的基础前提，根据网格化规划技术路线制定资料收集清单和资料收集深度。并对收集到的资料进行属性标识和数据筛选工作，最终形成适应网格化规划的基础数据库。

（2）网格化体系构建。网格化体系构建是网格化建设改造工作的基础，根据网格划分原则及建设改造区域规模明确其分区体系层级，在此基础上依照分区、网格、单元的相关划分原则开展划分工作，并形成相关结果。

（3）电网诊断与评估。电网诊断与评估是结合目前电网建设发展情况，重点诊断配电网结构规范性、重点分析电网供给能力、重点评价配电网转供能力三个方面。基于相关评估结果，按照影响电网安全运行、制约电网负荷转移、组网不规范、选型不规范、设备运行状况不佳等对电网运行与发展影响程度的不同进行问题分级，建立问题分级库，作为后续建设改造方案指导。

（4）电力需求预测。配电网电力需求预测分为近期、中期和远期三个阶段，与配电网规划设计的年限保持一致。近期规划宜列出逐年预测结果，为逐年输变电项目安排提供依据；中期规划可列出规划水平年预测结果，为阶段性规划方案提供依据；远期规划宜侧重饱和负荷预测，为高压变电站站址和高、中压线路廊道等电力设施布局规划提供参考，并为目标网架规划提供依据。

（5）规划方案编制。规划方案编制包括目标网架接线方式选取与构建、过渡方案制定和电力设施布局三部分任务。

（6）成效分析。建设成效分析重点对接建设目标要求，测算各水平年各项指标结果评价核心指标满足程度；以网架构建结果为基础分析不同状态下的网架负荷转移能力，评价网架可靠性与运行灵活性；以成效为导向，评价年度实施方案对电网建设相关影响。成效分析可以按照规划水平年、饱和年分析规划方案实施后配电网的改善效果，包含配电网现状问题的解决情况和规划目标完成情况。

（7）成果固化。形成同网格化规划理念相适应的规划成果体系。

二、配电网供电网格划分方法

供电网格划分方法是构建配电网精细化管理体系的基础，该方法将贯穿于整个网格化规划及管理流程，是指导和规范体系构建的关键技术理论，主要包含网格分层方法、网格划分方法、网格划分方案评价方法。

（一）网格分层方法

网格分层需综合考虑规划建设、运行维护、客户服务等业务需求。结合配电网实际特征，可将供电网格划分为高、中、低压三个层级，各层级网格相互关联，构建形成地理层面上各级网格层层包含，物理层面上以标准接线紧密关联，结构清晰统一的管理主体。网格分层的具体方法及其对应的配电网业务说明如下：

1. 高压网格（L1）

由3~5座源变电站构成，边界由若干主干道路或自然屏障合围成的区域网格组成，其应符合城市功能分区发展定位，且同时满足中压网格（L2）的接线要求。高压网格（L1）主要进行高压配电网规划、运行方式研究、风险评估等业务。

2. 中压网格（L2）

以总负荷不超过3组标准接线为原则，由若干个低压网格（L3）组成的片区网格，每个中压网格（L2）由若干组标准接线直接且独立供电，地理上由若干个街区组成，边界由市政道路合围而成。每个L2网格内的负荷发展水平应相对接近，如负荷饱和、负荷快速发展和负荷发展不确定等。中压网格（L2）主要开展中压配电网规划、网格项目库构建、设备运维抢修、分线线损管理、中压配电网自动化自愈、供电可靠性管理等业务。

3. 低压网格（L3）

以低压线路供电范围为参照，由一个或多个低压台区构成的低压配电网区域。低压网格（L3）主要开展低压配电网规划、低压可靠性管理、抄表管理、分台区线损管理、电费回收抄核管理等业务。

建立以网格为基本单元的管理体系，可实现各类业务网格层级的统筹管理，有效打通专业壁垒，实现各类资源的综合利用及业务管理的综合优化。

（二）网格划分方法

遵循自下而上、上下结合的划分思路，按照“先划L3网格、再划L1网格、最后划分 L2 网格”的顺序，合理划分各层网格，其具体划分方法说明如下：

（1）依据配电网建设改造项目或业扩报装建设的低压配变台区，划分 L3 网格。

（2）依据城市总体规划、功能区定位、行政区划，结合交通主干道、河流、铁路地理分界或自然屏障，初步划分 L1 网格边界。

（3）对 L1 网格内的 L3 网格逐一开展空间负荷预测工作，同时测算 L1 网格的供电能力，将 L3 网格负荷预测结果与 L1 网格供电能力进行比较，通过逐一调整 L1 网格相邻 L1 网格边界的方式，L1 网格的供电能力满足 L3 网格的负荷需求。

（4）对不能调整负荷的 L1 网格，提出相应的电源建设或变电站出线需求。

（5）在确定 L1 网格的基础之上，按 L2 网格内总负荷不超过 3 组标准中压接线容量的划分原则，将该 L1 层网格内的若干个 L3 网格组合形成一个 L2 网格。L2 网格应根据区域控制性详规，按照单一功能最小化的原则（以地块为最小划分单位）进行划分。

（三）网格划分方案评价方法

为了确保网格划分的标准及划分结果保持一致，同时提高网格化成果应用的效率，可通过构建评价指标体系的方式，对网格划分结果进行评价。其具体步骤说明如下：

（1）对已完成的网格划分方案进行初步的数据准确性审查。

（2）依据 L1～L3 网格划分标准，对已完成的网格划分方案进行规范性审查。

（3）以变电站负载均衡度、运行经济性、负荷发展适应性、供电可靠性等指标为评价维度，构建网格划分方案的综合评价指标体系。

（4）运用评价指标体系，对已完成的网格划分方案进行综合评价。

（5）对不满足规划原则、网格划分标准、配电网建设目标等要求的网格，进行重新调整与优化，确保最终划分结果能够满足配电网安全可靠供电及发展建设目标实现的相关要求。

三、基于网格的配电网规划方法

基于网格下的配电网规划，其总体思路为供电所分成各区域，根据配电网现状、地区情况进行规划，并科学、合理地归类不同用地性质、开发程度，预测规划区域内的负荷量。同时，根据供电区域之间的差异，明确配电网的网架目标和模式，将网格作为规划配电网、接入用户的单元，从而满足网格化的供电需求。

（一）深化信息融合

1. 配电网络的规划信息

根据供电所进行的配电网络工作，信息源可分为市政规划和用户报告以及城市规划等各个方面。其中，用户报告是供电的内部协调，而城市和市政规划是外部协作。市政信息主要基于道路建设计划和配电网络搬迁项目，包括开发区域信息、变电站规划信息、新道路信息、电气信息等。

2. 规划信息管理方法

在对分销网络进行规划的时候，其产生的信息越来越多地和城市地理背景相关联，一般来说，这些信息可以通过现有的图纸进行存储，其目的是能够便于规划人员清楚明晰地认识到网络信息，并推进其工作规划，信息管理人员主要负责相关信息的工作，另外还需要设置信息共享机制。由于分销网络覆盖面广，变化频繁，一旦信息交流不及时，将产生严重影响。因此，有必要与当地政府建立沟通机制，完善配送网络的设计和规划，保持信息畅通，及时将信息传递给规划人员，以改善规划过程，确保规划工作的顺利进行。

（二）开展系统化负荷预测

1. 负荷密度指标确定方式

各类小区负荷密度指标是远景年在负荷发展饱和情况下，考虑环保、社会、经济等因素而确定的指标，可以通过下面两种途径获得：

（1）参考经验数据。属于一种经验类方法。通过对国内外各类相似小区负荷密度及其相关资料的调查，将负荷密度值按相关因素加以归类整理，可以形成小区负荷密度的经验数据库，以供规划时参考。实际上，这一方法就是要借鉴发达国家或发达地区已建成区的经验，通过类比的方式来确定规划各小区的负荷密度。

（2）通过密度外推法获得。需要根据各小区的历史负荷数据估算小区历史年的负荷密度，然后以历史年负荷密度值为基本数据，采用外推法计算规划年的小区负荷密度指标。这里用负荷密度外推，而不是小区负荷外推，主要是因为在综合预测方法中，小区面积大小不同。

2. 饱和负荷预测与校核

通过调研国内其他同类城市和地区的负荷密度资料，或调研该地区发展比较成熟的小区负荷指标作为参考，结合规划区未来发展定位，确定不同用地性质负荷密度、容积率、需用系数等指标。依据城市总体规划与各区控制性详细规划，给出不同层级不同地块负荷累计时的同时率，预测各地块的负荷值及不同层级累计后的负荷值，给出规划目标年规划区占地面积负荷密度，编制规划区分布负荷预测结果图及负荷密度主题图。

对负荷预测结果进行校验，多采用相关联数据间的相互校验，注重预测结果校验的可比性，避免采用所在地域、负荷特性差别较大的结果进行类比。对预测的结果进行的校核一般分为两个方面的校核：首先是纵向校核，纵向校核指的是和规划地区历史年的发展相校核，分析预测结果与历史年数据的差异性，如增长率是否符合地区发展阶段，年最大负荷利用小时数是否和地区产业结构调整是否一致等；其次是横向校核，横向校核指将预测结果与其他地区(定位相似)的预测结果或者现状发展阶段进行比较。其中横向校核根据预测结果，可以采用与同等地区类比的方式，对平均负荷密度、人均综合用电量、人均生活用电量等指标进行对比，确定预测结果的合理性。纵向校核可采用电力弹性系数、产值单耗法进行校核。

（三）规划供电分区的类别和接线模式

按照导则和负荷预测结果，对网格化规划期限内各个供电分区的类别是否会出现变化进行论证从而确定规划目标，以及各个供电区域的种类，从而提出不同类别分区的规划指标与建设标准。电网工作人员应当按照配电网规划区域内，电量负荷所处的发展阶段与供电分区具体类别，在去除专线用户电量负荷之后，确定每个类别适合的网格规划方案和目标网架接线具体模式，确保其规划方案与网架接线模式都可以满足导则与供电安全标准的具体要求。其中，一些电量负荷发展较为成熟的网格，可以按照电网网架建设现状，结合最少改造工作量这一原则，合理地选择具体的接线模式；对那些负荷发展速度加快的网格，则应当以导则为基本指导，规划出相应的目标网架线和接线模式。

四、网格化规划与城市布局的协调

（一）实现城市配电网格化的必要性

1. 适应高可靠性供电要求

随着近几年城市改造、用电负荷的不断增长、配电线路无规则地自然延伸，造成变电所之间配电线路供电范围无明显的划分界线，线路之间交叉、迂回供电，线路供电半径过长，直接影响安全生产的组织及降低线损指标的实现。由于配电网的不规范，网架薄弱，结构不合理，当配电线路发生故障时，从查找事故点到布置现场安全措施以及事故抢修，一般需较长时间，且需由熟悉现场情况的人员才能组织完成，并经常造成一停一大串、一停一大片的局面，很难适应高可靠性供电的要求。

实现城市配电网格化后能达到：

（1）明确了变电所之间的供电范围，供电局之间的供电界面清晰，且以变电所为中心，以城市主要街道为界面，根据配电线路的供电半径、地理半径及负荷分布情况，将城区分成若干相对独立的块区。每个块区安排两回配电线路供电，互为备用，当一回线路发生故障时，可将负荷转移到另一回线路供电。并且，变电所之间采用2~3回联络线，联络线要有足够的预留容量，正常时开环运行，异常时转移负荷，以适应高可靠性供电要求。

（2）由于每个块区只安排两回线路供电，当该块区线路停电检修作业时，只需在电源入口处做好安全措施后，即可保证只要作业组成员作业不出此块区范围，就无触电的危险，因为此块区无其他电源供电，因此安全措施概念清晰，适应于安全、规范、高效的集中检修需要。

（3）由于按块区供电，供电界面清晰，当变电所某一条线路发生故障时，运行人员在很短的时间内即可查找到故障点。事故抢修组织指挥、管理清晰明了，为尽快恢复供电奠定基础。

2. 适应用电营业管理要求

由于目前供电局之间供电界面不清晰，配电线路相互交叉、重叠供电，给营业按线分卡带来一定的困难。尤其是供电局之间交接处，用户不清楚到底归哪个局供电，应该到哪个局去购电，对用户供电方案的确定，没有明确的遵循原则，基本上是就近进行，否则用户就会提出疑问。

实现城市配电网格化，明确了供电局之间的供电范围，采用块区两回配电线路的供电方式，不存在线路交叉、重叠供电的问题，给用户购电提供了方便，为营业按线分卡管理奠定了物质基础。同时，对用户供电方案的确定，明确了基本原则，用户在哪个块区内用电，就必须使用供给该块区的电源，不存在接其他电源，提高制定供电方案工作的效率。

以网格化原则配置的配电线路，在正常安排检修停电公告时，可用众所周知的街道名称，明确停电范围，便于社会各界提前安排经营、生产、生活用电的调整，适应社会生活协调发展的需要。

3. 适应城市发展的需要

随着城市的不断发展，市政建设和环境美化对电力通道的限制，加之新建商业和住宅小区的用电增长，急需规范和规划配电网，以适应城市管理、城市发展日趋规范化、制度化的趋势。继续沿用自然延伸发展配电网络的做法，在通道申请、沿途各种管线互相交叉布置原则确定，以及建筑物拆迁等方面，都已越来越困难，且有些问题根本无法协调解决和实施。形成新增供电能力所需改造资金投入多、重复建设复杂无序、用户不满意、政府不满意、规划部门不认可的被动局面，与社会进步、全面发展的形势不相适应。

作为城市基础功能的供电网络，特别是配电网络，必须纳入城市总体规划统筹考虑，这是社会赋予供电部门的职责，配电网格化的组织与实施，即城市发展总体规划组织与实施的相应部分，并为供电企业的发展和服务奠定了基本的社会空间。

4. 实现配电自动化的先决条件

由于目前配电网络结构不合理，线路之间交叉、重叠供电，导线截面小、型号多，互带能力差。当某一条线路发生永久故障时，就不可避免地引起整条线路长时间的停电，同时为了查找故障点，需要出动大批的人员和车辆，耗费很长时间。而且，高新科技装备的应用普遍速度缓慢，这与目前配电网络及线路分布不合理、规划意识陈旧落后直接相关，已远远不能满足现代电网迅速查出故障点，快速切除、隔离故障的要求。

配电网格化，首先是规范配电网络，明确变电所的供电界面，明确每条配电线路供电范围，使网架结构趋于合理。其次，块区采用两回电源双 T 接的供电方式，为今后组织开闭所、环网柜、安装分段器、重合器等现代科技装备的实施，实现配电自动化奠定基础。

（二）基于分形理论的网络规划和城市布局的协同分析

依照目前配电网规划的最新研究成果，考虑到规划区域内的建筑、街道等整体城乡布局建设情况和区域内的廊道资源情况，未来可以通过分析配电网规划方案和城乡布局之间的关联关系，利用分形理论开展网络规划和城市布局之间的协同分析。其中主要应用的是分形理论中的自相似性原理。所谓系统的自相似性是指某种结构或过程的特征从不同的空间尺度或时间尺度来看都是相似的，或者某系统或结构的局域性质或局域结构与整体类似。另外，在整体与整体之间或部分与部分之间，也会存在自相似性。一般情况下，自相似性有比较复杂的表现形式，而不是局域放大一定倍数以后简单地和整体完全重合。

具体到配电网规划问题，结合网格规划的基本原理，如果网格内都采用了最为匹配的高可靠性接线方式，那么可以将每个网格(或供电单元)视为整体配电网络的一个组成成分。而且配电网络某些整体性的电气特性，例如供电可靠性，与每一个单体网格的特性存在相同性，即分形理论中的“自相似性”。也可以将供电网格视为配电网络的组成细胞或者基本元件，形成所谓的电网“元胞”。

分形电网(或称之为“元胞”电网)的主要研究难点是“多尺度”建模和设计，“多尺度”即意味着分形电网需要考虑从电气系统、市场组织到电网拓扑结构的各个环节，其主要研究重点是对电网拓扑的分析。

1. 明确电网多尺度特性

城市的建筑空间与城市道路网络在空间组织上具有一致性，均是以分形逻辑为原则构建的。可以将此方法用于配电网规划中，即每一个给定的规划区域都具有其最优的拓扑结构，且这种最优方案是根据规划区域内电源、负荷分布以及此区域内的技术约束确定的。但是，最优网架的规划结果取决于建筑区域的空间分布。多尺度分析的目的就是表征不同观察尺度下建筑区域的空间特性对网架拓扑结构优化的影响。因此，需要计算规划区域内建筑空间分布和电网拓扑结构的分形维数，对其进行比较分析，从而判断电网结构与区域内建筑分布的匹配程度，达到识别电网缺陷的目的。

2. 城市配电网连通性评估

除了标准分形分析方法外，也可采用渗滤或多重分形标准化的方法分析配电网，此类方法可对两个节点间的直接路径和网格分布进行研究，从而使得配电网更加坚强，但往往也会提高成本。这些方法也可用于分析网架的拓扑结构、潮流和电压降的多尺度分布，可将电压降作为电力连通性的量度，用于评估给定区域内配电网的连通性。

3. “元胞”电网分形结构设计

自相似的拓扑结构有益于从单个用户到电网的整个电力系统。在自然界中，当某个区域需要在最小化网络覆盖的同时要求保持整体的最小连续供应能力时，会自然形成具有分形特性的网络结构。由于具有分形特性的网络通常是由不同尺度的多个环组成的，也就保证了网络在某些支路突然断开时具有良好的恢复能力，即网络的自愈性增强。因此，城市配电系统的设计可以分形结构为基础。其基本思路仍然是首先收集规划区域内关于高/中/低压电网的网络结构和变电站、负荷和电源数据；然后，根据变电站、负荷和电源的分布情况选择适合该区域的分形结构（网状或径向）实现对规划区域的多尺度覆盖。这意味着所得到的分形电网与规划区域内用户的需求相对应，实现区域全覆盖。

而在未来电网发展建设中，管理和运营决策的时间尺度范围从几年到几分之一秒；而空间尺度则与输电、配电和用户系统的大小有关。为了协调大量的分布式能源，有必要发展一种可用于高效管理的分型电力系统，实现电力系统的分层管理、局部优化并充分发挥局部子系统间相互作用的管理方法。

第二节　可靠性与经济性的配电网协调规划

在许多工程领域，合理的可靠性水平总是与经济性相联系的，可靠性需与经济性协调。“这一工作十分复杂，因为需将故障损失的费用加以量化，同样为提高可靠性所需的费用也要量化。”①

一、配电网可靠性和经济性指标

在配电网规划与运行中，经常需要对配电网的可靠性和经济性进行评估，本部分简要介绍这种评估所用到的可靠性指标和经济指标。

（一）可靠性指标

由于配电网与用户直接联系，大多数又为放射式电网（环网接线也开环运行）。据不完全统计，用户的停电事故中80%是由配电系统的故障引起的。因此，统计与分析配电网络的可靠性指标，从而找出提高用户供电可靠性的措施是有意义的。配电网常用的可靠性指标有下列几种：

（1）系统平均停电频率（SAIFI）。它是指每个由配电网供电的用户在每单位时间内的平均停电次数，可以用一年中用户停电的累积次数除以配电网供电的总用户数来估计。

（2）用户平均停电频率（CAIFI）。它是指每个受停电影响的用户每单位时间里经受的平均停电次数，可以用一年中观察到的用户停电次数除以受停电影响的用户数来估计。每个受停电影响的用户每年只计算一次停电，不考虑用户在一年中实际经受的一次以上的停电次数。

（3）系统平均停电持续时间（SAIDI）。它是指每个由配电网供电的用户在一年中经受的平均停电持续时间，可用一年中用户经受的停电持续时间的总和除以该年中由配电网供电的用户总数求得。

（4）用户平均停电持续时间（CAIDI）。它是指一年中被停电的用户经受的平

① 程林，何剑．电力系统可靠性原理与应用［M］．2版．成都：西南交通大学出版社，2015.

均停电持续时间，可用一年中用户停电持续时间的总和除以该年停电用户总户数求得。

（5）平均供电可靠率（ASAI）。它是指一年中用户经受的不停电小时总数与用户要求的总供电小时数之比。

（6）平均供电不可靠率（ASUI）。它是指一年中用户累计停电小时总数与用户要求的总供电小时数之比。显然：

$$ASUI = 1 - ASAI \tag{3-1}$$

对配电网来说，平均供电可靠率（ASAI）是反映电网建设水平、设备健康水平和停电管理水平的一个综合指标。

（二）经济指标

1. 经济分析中的几个概念

（1）最小投资收益率（MAR）。在资金的时间价值计算公式中，所使用的利率实际是借用了银行利率的概念。但是在经济分析中，这个利率的真正含义则称为最小投资收益率，英文简写MAR。

最小投资收益率是指各种投资构成的不同利率的加权平均值。它是支付投资的各种利息、股息等而必须每年支出的一笔用百分率表示出来的开支，其值大小与投资的构成有关。通常工程项目的投资构成中包括银行贷款、债券、股票及各种期票等，而且它们各有各的利率。因此，引出最小投资收益率便可以把不同投资构成的综合投资效果反映出来。

最小投资收益率一般都高于银行的利率，以便吸引投资。最小投资收益率是从投资构成的角度来分析项目投资效果的一个数量指标。而经济评价方法中所使用的利率常称为贴现率，不过它在经济分析中却有着更深刻的含义。贴现率的大小一般是国家根据各个行业的发展水平、积累水平和利润水平来综合确定的一个宏观数值。首先肯定的是其值一定高于银行利率，显然投资时所使用的贴现率不高于银行利率就不值得投资了，还不如将资金存入银行更为稳妥，因为投资是要承担风险的。

贴现率通常表示投资方案在经济效果上应达到的一个数量标准，一般取值为10%~15%。在工程项目的经济评价中，贴现率的大小直接影响方案在经济上的可取性，其值定得较高，可能使许多经济效益好的方案被拒绝，造成资金积压；而其值定得较低，又可能使许多经济效益并不太好的方案被接受，造成资金短缺。因此，在经济分析中合理确定贴现率的大小是一项非常重要的工作内容。

（2）固定折年率(FCR)。固定折年率是指最小投资收益率、设备折旧、固定资产税、财产保险税以及地方政府附加税等的总费用占投资的一个固定比率。固定折年率只与投资有关而与经营的状况无关。

引出固定折年率的目的在于便于使用最小费用法进行方案的经济比较，具体的应用包括以下两个方面：

第一，使用年费用最小法。将各方案的投资乘以固定折年率，可以把投资换算成等年值费用，然后与年运行费用求和得到年总费用进行比较，以年总费用小者为优。

第二，使用总费用最小法。将各方案的年运行费用除以固定折年率换算成等值的投资，然后与投资费用求和得到总投资费用进行比较，以总投资费用少者为优。

应用固定折年率进行方案比较，主要适用于在投资增减或年运行费高低不同的情况下的经济评价及决策分析。其中用 FCR 将年费用换算为投资，并非现在值和等年值之间的折算，只是一种计算上的方便应用。

（3）最小岁收需量(MARR)。最小岁收需量是指一个企业为抵付年度支出而至少必须有的年收入，否则就意味着发生亏损。这一概念常常用于分析企业的盈亏状况，而使用 MARR 进行方案经济比较时，便形成了最小岁收需量法。

最小岁收需量经常以固定资产或投资总额的百分值来表示。对于抵付年度支出的费用来说，在 MARR 中主要包括以下两种费用。

一是最小回收费用，即 MAR，为支付投资的各种利息、股息而必须每年支付的一笔费用，其值与投资的构成有关。

二是与经营有关的费用，主要包括劳务费、原料、燃料、材料消耗费、维修费以及所得税等各种费用，基本上是一笔等年值的费用。

最小岁收需量是一笔等年值费用，对企业而言，在不考虑通货膨胀因素下，每年用于生产的原材料费用、维修费用及人员工资等都认为是大致不变的。在经济评价时，一般是将其更换为现在值形式进行分析比较。

2. 常用的经济指标

在配电网规划设计或技术改造中需要进行方案的技术经济比较时，一般要对方案的经济性进行评价。常用的经济指标有下列几种：

（1）一次投资 Z。它是项目前期工作开始到工程建成投产后的建设及购置设备所付出的全部资金，又称固定资产投资。对配电网来说有土地征用、建筑物拆迁、环境保护、设备、设施和施工费用等。包含了上述各种费用的配电网一次投资又称综合造价，由下式求得：

$$Z + Z_{\mathrm{L}} + Z_{\mathrm{T}} = aL + Z_{\mathrm{T}} \tag{3-2}$$

式中，Z_{L}为线路综合造价(万元)；a 为单位长度线路造价(万元/km)；L 为线路长度(km)；Z_{T}为变电所的综合造价(万元)。

（2）年运行费 C。它是指配电网在运行一年中所发生的费用，包括维修费、折旧费、电能损耗费等，其中，前两项常以投资的百分数 H 表示，后一项常用电能损耗 ΔW 乘以损耗电价 C_0求得，即配电网年运行费为：

$$C = ZH + \Delta W C_0 \tag{3-3}$$

式中，Z 为配电网的一次投资；H 为维修费、折旧费等占投资的比例。

（3）年费用 NF。它是指考虑了资金的时间效益后，将投资和年运行费归算成配电网使用寿命期内的贴现等年值。在不同的方案做技术经济比较时，在技术条件相同的情况下，一般年费用 NF 最小的方案就是最经济的方案。NF 可由下式求得，即：

$$\mathrm{NF} = \frac{i(1+i)^n}{(1+i)^n - 1}\left[\sum_{t=1}^{m} Z_t (1+i)^{-t} + \sum_{t=m-1}^{m-n} C_t (1+i)^{-t}\right] \tag{3-4}$$

式中，m 为施工年数；n 为使用年数（寿命）；i 为贴现率；Z_t 为施工期内第 t 年的投资（$t=1$，…，m）；C_t 为使用期内第 t 年的年运行费（$t=m+1$，…，$m+n$）。

二、可靠性与经济性的联系

“经济调度问题是通过调节运行发电机组的功率(未知数)，在满足电网约束的条件下，对发电量进行短时的优化。”① 可靠性和经济性的协调可理解为寻求

① POUGET J. 电网［M］. 李文沅，译. 重庆：重庆大学出版社，1988.

以下若干问题的解答：①在给定投资的条件下，能把可靠性提高到何等水平？②在给定可靠性水平的条件下，如何使建造系统的费用最小？③在给定预算的条件下，应把投资花在什么地方最恰当？④在什么基础上对不同的方案进行比较？在工程开发的某些阶段，上述问题是可以假定和估计的，但有时则十分困难，因为无法建立定量的数学模型。

首先，故障后果的估计。故障总是造成人们不期望的后果，这些后果有的可用造成的经济损失表示。例如，一台容量为600MW的火电机组强迫停运一天造成的营业收入损失约为500万元。然而，有的故障后果是难以用货币表示的。例如，1986年苏联(今乌克兰)的切尔诺贝利核电站的4号反应堆因事故导致核泄漏，造成乌克兰336万人遭受核辐射侵害，其中儿童达到126万人。2000年年底这座核电站永久地关闭，但关闭后有大量工作要做，光是为了改造和加固4号反应堆的石棺的款项就超过7亿美元。2011年3月11日，地震海啸引发的日本福岛第一核电站事故造成一系列设备损毁、堆芯熔毁、辐射释放等灾难事件，附近超过4万名居民被迫疏散，未来几十年内仍须不断清理周边区域的辐射污染。如此严重的事故后果，是很难用货币来表达的。

其次，提高可靠性效益的估计。从经济上讲，期望故障损失费用的降低至少与期望可靠性提高所带来的经济效益相等。过去，只有空间技术和国防方面考虑可靠性提高的问题。21世纪，高科技将涉及生活的诸多方面。为了在国际市场中提高竞争能力，在制造业和服务行业中提高可靠性有着重要的作用。提高可靠性大体有三种方法：①增加冗余；②在设计中考虑环境能力；③进行环境试验。有时考虑这三种方法的混合。不同方案的可靠性水平不同，投入的费用也不同。一般采用费用/效益评价方法来协调解决，效益/费用之比大者为优。

显然，从经济角度分析，可靠性水平的最佳值，应是在该可靠性水平下，使停电损失和供电费用之和为最小。因此，进行可靠性研究，总是不可避免地涉及它与经济上的联系。

三、配电网可靠性经济评价

（一）配电网可靠性经济评价方法

1. 绝对可靠性评价法

绝对可靠性评价方法是以一项指定的可靠性指标作为评价的依据，如设计方案达不到该指标就要改变设计方案，电量不足概率（LOLE）和电力不足概率（LOLP）就是这种指标。此时，其可靠性经济学的任务就在于如何使系统的投资为最小。

2. 可靠性排列法

可靠性排列法是在选定可靠性指标的基础上，对各种不同的设计或计划的相对佳度进行比较，并按其佳度的递增或递减顺序将各被比较方案进行排列，从而选出最优方案。比如，以配电系统对用户停电影响的指标来比较几种不同的配电系统设计方案时，对用户停电时间少的方案将排列为优选方案。

此法也可应用概率加权方式，对多项指标进行综合计算，然后加以排序、优选。

排列法的优点是应用简便，但没有进行经济计算，难以从经济上来评价与排列指标相对应的经济效益。有一种按选定的若干评判项目，对各被比较方案进行逐项评定、打分，然后以总分高低排序加以优选的“打分法”，则可算是排列法的一种演变形式。其中，各项指标的加权计算，实际上已被评审人员的经验所代替。

3. 可靠性比较分析法

可靠性比较分析法是先计算各被比较方案的投资，然后以单位投资对可靠性指标改善的增量的大小来衡量各被比较方案的优劣。它是在经济计算的基础上进行排序的，因此，比排列法又前进了一步。比如，以对用户的年累计停电时间的期望值为基础，计算单位投资对停电时间的减少量来评价配电系统诸方案的优劣时，则以 I 值大者为优（I=减少的停电时间/方案的投资）。

4. 成本–效益分析法

成本–效益分析法必须先计算出提高和改善可靠性指标所对应的经济价值，

然后与完成此项改进工程的投资进行比较，以货币计量计算的效益大于投资的金额作为评选的依据，比值越大越好。这种方法比单纯地计算提高可靠性指标增量所耗用的投资大小的可靠性比较分析法又前进了一步。

5. 可靠性优化法

可靠性优化法是以成本-效益分析为基础，把效益作为某些可评价的可靠性指标的函数，然后寻优。由于前述的成本-效益分析法只是在若干可选方案中加以选择，而可靠性优化则是应用优化技术来找出也许并未列入可选方案的最优方案，因此，它比成本效益分析法又前进了一步。

上述五种方法，从经济学的观点来看，应该说只有第四、第五两种方法才真正属于可靠性经济学范畴。但是，无论是成本-效益分析法还是可靠性优化法，在分析和应用的过程中均必须首先分清哪些项目应属于“成本”，哪些项目应属于“效益”。特别是有的费用，如“停电损失”既可把它作为提高可靠性后减少的损失而列入“效益”，又可把它作为补偿停电损失而列入“成本”。但是，对同一笔费用项目，在同一比较中不能同时既计入“效益”，又计入“成本”。这是必须注意的问题。

（二）配电网可靠性经济评价的原则

目前，国际上对配电系统可靠性进行经济评价的方法很多，而且正在发展之中。由于各国对经济分析评价的着眼点不同，所采用的方法也各异。本章前面所介绍的几种方法，仅是目前国际上使用较为广泛的最基本的方法。但是，不论着眼点如何，及采用何种方法，为了对配电系统的可靠性工程方案和措施做出正确的经济评价，均必须遵循以下几个基本原则：

（1）首先必须根据不同的配电系统可靠性工程方案或措施，选择和确定与各种费用相联系的可以定量化的可靠性指标，以作为经济分析的出发点。

（2）必须分清各种费用的属性，是收入还是支出，是成本还是效益，是按年收付还是一次收付，是现在收付还是将来收付，以保证可靠性的经济比较建立在明确而一致的基础上。

（3）应选定适合的比较方法，即是用“等年值”进行比较，还是用“现在值”进行比较，前后应保持一致。

（4）必须保证各被比较对象进行比较的量具有可比性，以便把比较分析建立在同一基础上。比如，在选择“现在值”进行比较时，必须以不同设备的估计寿命的最小公倍数作为比较期，否则就失去了可比性。

第三节　多电压等级之间的配电网协调规划

一、多电压等级电力平衡

配电网直接面向终端用户，是电力系统中保证电能供应“落得下、配得出、用得上”的关键环节，对区域社会经济发展及人民生产生活水平提升具有至关重要的支撑作用。

配电网根据电压等级可分为高压配电网、中压配电网和低压配电网，其中高压配电网一般采用 110kV 和 35kV 电压等级；中压配电网一般采用 10kV 电压等级，部分地区采用 20kV 或 6kV；低压配电网的电压等级一般为 380/220V。

电力平衡是以电力负荷预测为基础，结合地区能源资源、电源建设条件及前期工作调研，对某一地区或多个地区未来电力电量供应与负荷需求之间的平衡进行分析。对配电网规划来说，需要进行 110kV、35kV、10kV 分层电力平衡分析变电容量需求。

在 110(35)kV 层面，依据区域负荷预测结果，充分考虑各电压等级接入的电源和直供用户负荷因素，在量化分析相关历史数据及其变化率的基础上，预测 110(35)kV 公用网网供负荷，并根据规划期内各年度容载比，分析建设规模的合理性。在 10kV 层面，结合本地区负荷预测结果，在量化分析相关历史数据及变化率的基础上，预测本地区 10kV 公用网供电负荷(扣除专线负荷)和公用网公用配变负荷(扣除专线及专变负荷)。根据 10kV 公用网网供负荷预测结果、10kV 出线间隔情况以及变电站供电范围划分情况，考虑区内分布式电源接入，分年度安排 10kV 电网新增出线的条数和主干线走向，估算 10kV 配电线路工程新建规模；以 10kV 公用网公用配变负荷预测为基础，充分考虑电网现状及户均配变容量、低压供电半径等因素，依据规划技术原则中的配变容量序列及有关标准，估算分年度、各分区 10kV 配电变压器的容量和数量规模。

(一) 110(35)kV 电力平衡

1. 容载比

容载比是某一供电区内变电设备总容量与供电区最大负荷的比值，计算公式如下：

$$R_S = \frac{\sum S_i}{P_{max}} \quad (3-5)$$

式中，R_S 为容载比；P_{max} 为供电区内某电压等级的网供最大负荷，也就是供电区最大负荷时刻所有公用变压器降压功率之和；S_i 为供电区相应电压等级第 i 个公用变电站主变容量。

容载比在供电区内应按电压等级分层计算。当计算某电压等级容载比时，该电压等级发电厂升压变压器容量及直供负荷不应列入，该电压等级用户专用变电站的变电容量和负荷也应扣除，与外供电区之间仅进行功率交换的联络变压器容量，视情况也应扣除。

容载比是变电容量充裕度的量度，是供电区内控制变电容量的宏观指标，是电网规划设计检验变电容量合理性的重要依据。合理的容载比在主变压器、线路 $N-1$ 退出运行后，负荷能够顺利、有序地转移，保障可靠供电，且为负荷增长留出了一定的空间，因此适度超前配置变电容量，适应电网发展也是十分必要的。

确定容载比既要考虑负荷增长速度，又要考虑网络联系的紧密程度等因素，并与供电区内负荷密度、负荷分布、负荷功率因数和电网必要的裕度有关。负荷增长率低、网络联系紧密，容载比可以适当降低；负荷增长率高、网络联系不强，容载比应适当提高。

2. 电力平衡

110kV 电力平衡用于确定规划年所需变电容量及容载比。

(1) 供电区最高供电负荷：市(县)全社会用电负荷扣除厂用电及网损后的数值。现状年全社会最大供电负荷以当年发布数据为准。

(2) 供电区地方电厂装机：35kV 及以下地方小火电、水电、生物质等装机之和。

(3) 供电区风电装机：该区域 35kV 集中式风电机组之和。电力平衡时一般不考虑风电机组。

（4）供电区集中式光伏装机：该区域35kV集中式光伏装机之和。电力平衡时一般不考虑分布式光伏发电。

（5）地方电厂出力：现状年取实际值，规划年一般可取装机容量的50%，夏季日间平衡时集中式光伏出力可按额定容量的20%考虑。

（6）外区转供本区35kV及以下负荷：外区转供本区35kV及以下负荷取正值，本区转供外区35kV及以下负荷取负值。

（7）220kV公变直供35kV及以下负荷：220kV公用变电站直接出10kV线路或带35kV变电站的负荷。

（8）需110kV变电站供电负荷：供电区最高供电负荷减35kV及以下地方电厂出力、外区供35kV及以下负荷、220kV公变直供35kV及以下负荷、110kV及以上用户变直供负荷。

（9）增容前110kV容载比：增容前110kV变电容量与需110kV变电站供电负荷之比。

（10）增容后110kV容载比：增容后110kV变电容量与需110kV变电站供电负荷之比。

35kV电力平衡用于确定规划年所需变电容量及容载比，电力平衡思路与110kV类似。其中：

（1）供电区最高供电负荷：同110kV电力平衡，等于市（县）全社会用电负荷扣除厂用电及网损后的数值。现状年全社会最大供电负荷以当年发布数据为准。

（2）供电区地方电厂装机：10kV及以下地方小火电、水电、生物质等装机之和。

（3）供电区风电装机：该区域10kV风电机组之和。平衡时一般不考虑风电机组。

（4）供电区光伏装机：该区域10kV光伏装机之和。平衡时一般不考虑分布式光伏发电。

（5）地方电厂出力：现状年取实际值。规划年一般可取装机容量的50%。

（6）110kV及以上公变直供10kV负荷：110kV及以上公用变电站直接出

10kV 线路所带的负荷。

（7）需 35kV 变电站供电负荷：供电区最高供电负荷减 10kV 及以下地方电厂出力、110kV 及以上公变直供 10kV 负荷、35kV 及以上用户变直供负荷。

（8）增容前 35kV 容载比：增容前 35kV 变电容量与需 35kV 变电站供电负荷之比。

（9）增容后 35kV 容载比：增容后 35kV 变电容量与需 35kV 变电站供电负荷之比。

（二）10kV 网供负荷与网供配变负荷

1. 10kV 网供负荷

10kV 网供负荷是指供电区所有 10kV 公用线路所供负荷之和的最大值，用于安排 10kV 电网新增出线的条数和主干线走向。10kV 网供负荷预测可从上到下或从下到上进行测算。

从上往下测算方法从 220kV 网供负荷扣减 35kV 及以上用户变负荷及 10kV 专线负荷得出，忽略低压接入分布式电源的影响。

（1）供电区最高供电负荷：同 110kV 电力平衡，等于市（县）全社会用电负荷扣除厂用电及网损后的数值。

（2）110kV 及以下地方电厂装机：110kV 及以下地方小火电、水电、生物质等装机之和。

（3）供电区风电装机：该区域 110kV 及以下风电机组之和。平衡时风电机组一般不参与。

（4）供电区光伏装机：该区域 110kV 及以下光伏机组之和。平衡时光伏机组出力按 20%考虑。

（5）地方电厂出力：现状年取实际值。规划年一般可取装机容量的 50%。

（6）需 220kV 变电站供电负荷：供电区最高供电负荷减去地方电厂出力、光伏发电出力、220kV 用户负荷、外区转供本区 110kV 及以下负荷。

（7）10kV 网供负荷：需 220kV 变电站供电负荷减去 110kV 用户变负荷、35kV 用户变负荷、10kV 专线负荷。

从下往上测算方法根据 220kV、110kV、35kV 直供 10kV 负荷、10kV 专线负荷得出，忽略低压接入分布式电源的影响。

2. 10kV 网供配变负荷

10kV 供网配变负荷是指供电区所有公用配变下网负荷之和的最大值，主要用于测算规划年 10kV 公用配变容量。10kV 网供配变负荷等于 10kV 网供负荷减去 10kV 专变负荷，0. 38kV 上网分布式电源容量较多时应扣除。

二、不同电压等级协调的优化效益

不同电压等级电网之间的匹配是电网协调发展的一个重要方面。各个电压等级变电能力相互匹配，可减轻电网的“卡脖子”现象，避免电网的变电能力不匹配，有利于电网的可持续发展，最大化供电公司的效益。

在我国，不同电压等级的电网，往往由不同层级的电网企业或供电企业规划，由不同部门管理。如 220kV 及以上网络一般由大区或省公司统一规划；地市供电局对 220kV 变电站规划提供建议，并负责规划 110kV 网络；区县供电分公司负责规划中低压配电网，包括 35kV、10kV 和 0. 4kV，并对 220kV、110kV 规划提供建议。各级电网应相互支援，协调优化规划，确保电网的可靠性和经济性。不同的规划部门如果不能很好地沟通协调，就可能会造成不同电压等级电网之间容量不匹配、供电能力不协调，降低电网建设的综合效益，影响电力公司的经济利益。所以，不同电压等级电网的协调是影响电网整体协调性的一个重要因素。

通过不同电压等级的电网相互协调，可以取得如下方面的优化效益：

1. 下级电网之间互联，减少对上级电网可靠性的依赖程度。比如，110kV 变电站进线分别引自不同的 220kV 变电站或 110kV 变电站的 110kV 母线，保证即使 220kV 变电站发生故障，但停电范围很小，或者不停电。多级电网协调优化，可实现较高可靠性的成本最低。

2. 上一级电网规划时，充分考虑下一级电网的需要，避免下级电网出线难度过大、出线长度过长等，实现上下级电网的统一优化。

实现各电压等级的统一协调优化，将创造显著的效益，对下一个阶段的电网规划，具有十分重要的意义。

三、各电压等级的供电能力及其合理配比的必要性

供电能力与供电企业的经济效益密切相关，供电能力体现电网是否满足负荷的需要并适应负荷增长的程度，对提高企业的经济效益和社会效益具有重大的意义。

各电压等级电网的供电能力定义为向低于该电压等级的网络供电的能力的总和。

以220kV网络的供电能力为例，定义为220kV网络向110kV、35kV、10kV等电压等级网络所能提供的、正常运行情况下的最大供电容量之和。

每一个电压等级的供电能力，来源包括两个方面：一方面是从上级电网通过输变电工程获得的供电能力；另一方面是本级网络中的电源。

为了保证电网输、配电各个部分不出现瓶颈，各个电压等级的供电能力应保持合理的配比，一个电压等级供电能力过高，则该电压等级的供电能力不能充分利用；一个电压等级供电能力过低，则成为整个电网的瓶颈，也不能使各电压等级协调发展。

不同电压等级的协调程度，影响整个电网运行的稳定性、可靠性。电压等级间的配合协调，能合理、充分发挥各电压等级的传输效益。

各个电压等级供电能力的配比，以电网规划相关导则与地区容载比推荐值，作为各电压等级供电能力配比的标准。

容载比是某一供电区域，变电设备容量(kV·A)与对于总负荷(kW)的比值。容载比是宏观控制变电总容量和规划安排变电容量的依据，是反映电网供电能力的重要技术经济指标之一。

不同电压等级供电能力配比合理性可对各电压等级的变电容量协调程度进行分析。结合上级和下级变电站的总体容量，根据容载比计算，得出在当前某一最高负荷下下级变电站实际容载比。此容载比数值与电力规划设计导则中要求的数值进行比较，可分析出上下级变电站容量配置比是否协调。

第四节　配电网各发展阶段的协调规划

在我国配电网的发展历程中，有一段时期处于相对高速的粗放式发展阶段。该时期的配电网规划也处于以解决当前供电问题为目标的被动规划阶段。随着城乡规模的不断增大，配电网规模也逐步增长。这种传统配电网发展的“跟跑”模式虽然解决了满足用电需求的短痛，却也留下了电网结构复杂的历史遗留问题，其中的根本原因就是缺乏规划的引领。所以，配电网规划必须重视不同发展阶段之间规划方案的横向协调问题。

不同阶段协调规划策略如下。

一、积极开展内涵式发展的实践探索

即在加快基本建设、推动外延式发展的同时，更加注重技术改造，改善电网结构，提高技术含量，节约资源，保护环境，实现从外延式向内涵式发展的战略转变。首先，外延式发展过多关注资产规模的不断扩大，内涵式发展侧重追求内涵和质量的发展。其次，粗放型发展重视资源和建设成果的总量，精细式发展更加关注内外资源的最优整合和建设的质量。而且，内涵式发展更加注重电网本质属性的发展模式，供电企业要根据自身特点进行电网建设改造。最后，外延式发展表现为对大量相同项目的大量复制，内涵式发展则更加注重高层次的创新。

二、重视目标网架的规划建设

基于目标网架的规划理念，构建科学先进的目标网架。以目标网架指导电网建设，按照“远近结合、分步实施”的原则，合理确定网架过渡方式。各电压等级电网必须相互匹配、互为支援，合理布局站点、优化网络接线，方能有效支撑电网的坚强可靠与灵活运行。在配电网规划设计过程中，还需要考虑与目标供电模式的衔接，合理选择近期供电模式，预留电力设施位置，避免重复建设和投资。

三、制定差异化的规划策略

所谓的差异化指的是按照时间和空间两个维度，对待规划区域制定契合其发展规律的规划策略。从横向的空间维度来看，规划建成区、规划建设区和自然发展区在负荷发展趋势和规律上具有较大的差异，当然需要制定差异化、有针对性的规划策略。而从纵向的时间维度来看，同一地块或区域，随着时间的推移可能会进入电网的快速发展、后发展和饱和发展阶段，也自然而然地会由自然发展区逐步演变为规划建设区和规划建成区。因此，在制定规划策略时还必须注意规划方案要在满足不同发展阶段负荷需求的前提下，保持规划方案的延续性和可持续性，逐步向目标网架过渡发展，尽可能避免大拆大建。

四、基于发展需求合理投资

根据配电网所处的不同发展阶段，在计及电网发展的容载比等要求的基础上合理确定投资策略。从电网发展需求和投资能力分析入手，构建电网投资策略影响因素指标体系，从技术、经济、社会和环境四个方面探究各因素对投资策略的影响。

当电网超前发展时，会提前新建较多的变电站；当电网滞后发展时，相应地会延缓变电站的建设；无论采取何种电网发展策略，进入电网后发展阶段后，新建容量所占比重下降，扩改建容量所占比重上升。在电网发展的区间带内，不同的建设策略对应不同的投资需求；不同的建设策略最终会产生一个“纽带型”投资需求区间带，后期可结合投资能力进行进一步的投资优化。

第四章　配电网自动化原理及规划

配电自动化(DA)是利用现代电子技术、信息技术(IT)、计算机技术、通信和网络技术等，将配电网的在线数据、离线数据、用户数据、地理信息系统(GIS)等进行数据集成，系统主要由配电网监控与数据采集(Supervisory Control And Data Acquisition，SCADA)、馈线自动化(FA)、变电所自动化及电网状态分析系统等方面组成，实现对配电系统的正常运行和事故情况实施远方监测、保护控制、故障隔离、网络重构等功能的自动化系统。可见，“配电自动化是一个系统工程，其主站、终端以及通信各个环节有机联系构成整体，任何一个局部存在的质量问题或者技术缺陷都可能引起整个系统不能正常运行。”① 可以认为配电自动化是电力系统发输电网调度自动化技术在配电网中应用的延伸和发展。

第一节　配电网自动化的基本原理

一、配电自动化的常用基本概念

配电自动化的几个常用基本概念介绍如下：

第一，配电自动化(DA)。配电自动化是以一次网架和设备为基础，以配电自动化系统为核心，综合利用多种通信方式，实现对配电网(含分布式电源、微电网等)的监测与控制，并通过与相关应用系统的信息集成，实现对配电网的科学管理。

第二，配电自动化系统(DAS)。配电自动化系统是利用现代电子技术、通信技术、计算机及网络技术，将配电网实时信息、离线信息、用户信息、电网结构参数、地理信息进行集成，构成完整的自动化管理系统，实现配电系统正常运行

① 刘健，刘东，张小庆，等．配电自动化系统测试技术［M］．北京：中国水利水电出版社，2015.

及事故情况下的监测、保护、控制和配电管理。它是实时的配电自动化与配电管理系统集成为一体的系统，具备配电 SCADA（Supervisory Control and Data Acquisition）、馈线自动化（Feeder Automation，FA）、电网分析及应用等功能。

配电自动化系统主要有三个基本功能：安全监视功能、控制功能、保护功能。安全监视功能是指通过采集配电网上的状态量（如开关位置、保护动作情况等）和模拟量（如电压、电流、功率等），从而对配电网的运行状态进行监视。控制功能是指在需要的时候远程控制开关的合闸或分闸。保护功能是指检测和判断故障区域，隔离故障区域，恢复正常区域的供电。

第三，配电自动化主站系统（简称配电主站）。配电自动化主站系统是配电自动化系统的核心，主要完成配电网运行实时数据的采集、处理、监视与控制，并对配电网进行分析、计算与决策，具有与其他应用信息系统进行信息交互的功能，为配电网调度指挥和生产管理提供技术支撑。主要包括系统软件、应用软件、数据库、系统服务器、工作站［含各区（市）供电局延伸工作站］、网络设备、网络安全装置、数据和通信接口设备、通信接口配线柜、GPS、记录打印设备以及专用的不间断电源等。

第四，配电自动化子站系统。配电自动化子站系统是为了优化系统结构层次、提高信息传输效率、便于配电通信系统组网而设置的中间层，实现所辖范围内的信息汇集、处理或配电网区域故障处理、通信监视等功能。

第五，配电自动化终端（简称配电终端）。配电自动化终端是安装在配电网的各类远程监测、控制单元的总称，完成数据采集、控制、通信等功能。配电终端主要包括开关站和公用及客户配电所的监控终端（DTU，即站所终端）、配电开关监控终端（FTU，即馈线终端）、配电变压器监测终端（TTU，即配电变压器终端）带远传功能的故障指示器等。

第六，配电自动化通信系统。配电自动化通信系统指提供数据传输通道实现配电主站与配电终端信息交换的通信系统，包括配电通信网管系统、通信设备和通信通道。配电网通信通道主要包括光纤、载波、无线公网、无线专网等。

第七，馈线自动化（FA）。馈线自动化是利用自动化装置（系统），监视配电线路（馈线）的运行状况，及时发现线路故障，迅速诊断出故障区域并将故障区域隔离，迅速恢复对非故障区域的供电。

配电自动化系统的一项重要功能就是馈线自动化功能，即对配电线路进行监测控制，并在线路事故时自动隔离故障区间，快速恢复非故障区域的供电。除单电源辐射形接线模式不能满足对非故障区域恢复供电外，其余接线方式均能满足馈线自动化的要求，充分发挥配电自动化的效益。

馈线自动化的主要功能有：配电网馈线运行状态监测；馈线故障检测；故障定位；故障隔离；馈线负荷新优化配置(网络重构)；供电电源恢复；馈线过负荷时，系统切换操作；正常计划调度操作；馈线开关远程控制操作；统计及记录，包括开关动作次数累计、供电可靠性累计、事故记录报告、负荷记录等。其中故障定位、故障隔离和供电恢复对提高供电可靠性和缩短非故障区的停电时间有重要意义，这也是配电自动化的一项主要功能。

馈线自动化的实施原则：对供电可靠性有进一步要求的区域，应具备必要的配电一次网架、设备和通信等基础条件，并与变电站/开关站出线等保护相配合。具体模式可根据不同地区的条件进行选择：①对于主站与终端之间具备可靠通信条件，且开关具备遥控功能的区域，可采用集中型全自动式或半自动式。②对于电缆环网等一次网架结构成熟稳定，且配电终端之间具备对等通信条件的区域，可采用就地型智能分布式。③对于不具备通信条件的区域，可采用就地型重合方式。

二、配电自动化系统的实现类型

突破了“配电自动化即馈线自动化”的传统思维模式，国家电网有限公司(以下简称国网公司)企业标准《配电自动化试点建设与改造技术原则》提出了适用于不同条件下的五种配电自动化实现类型，分别为简易型、实用型、标准型、集成型和智能型等。

(一) 简易型配电自动化系统

简易型配电自动化系统是基于就地检测和控制技术的一种准实时系统。常见模式采用故障指示灯来获取配电线路上的故障信息，由人工现场巡视线路上的指示器翻转变色来判断故障，也可将故障指示信号上传到相关的主站，由主站来判断故障区段。新型的故障指示器还可实现“两遥”，即除可上传故障翻牌遥信，还可上传电流、导线温度等遥测。

（二）实用型配电自动化系统

实用型配电自动化系统是利用多种通信手段，如光纤、载波、无线公网/专网等，以“两遥”（遥信、遥测）为主，并对部分具备条件的一次设备可实行单点遥控的实时监控系统。它的主站具备基本的SCADA功能，对配电线路、开关站、环网箱等的开关、断路器以及重要的配电变压器等实现数据采集和监测，根据配电终端数量或通信方式的需要，该系统可以增加配电子站(或通信汇接站)。

（三）标准型配电自动化系统

标准型配电自动化系统是在实用型的基础上，增加基于主站控制的馈线自动化功能，即故障定位、隔离、恢复非故障区供电，它对通信系统要求较高，一般需要采用可靠、高效的通信手段，如光纤，配电一次网架要求比较完善，相关的配电开关设备具备电动操动机构和受控功能。该类型系统的主站具备完整的SCADA功能和FA功能，当配电线路发生故障时，通过主站和终端的配合，实现故障区段的快速切除与自动恢复供电。另外，可以与上级调度自动化系统和配电GIS应用系统实现互联，以获得丰富的配电数据，建立完整的配电网模型，可以支持基于全网拓扑的配电应用功能。它主要为配电网调度服务，同时兼顾配电生产和运行管理部门的应用。

（四）集成型配电自动化系统

集成型配电自动化系统是在标准型的基础上，通过信息交换总线或综合数据平台技术，将企业里各个与配电相关的系统实现互联，最大可能地整合配电信息、外延业务流程、扩展和丰富配电自动化系统的应用功能，全面支持配电调度、生产、运行以及用电营销等业务的闭环管理，同时也为供电企业的安全和经济指标的综合分析，以及辅助决策而服务。

（五）智能型配电自动化系统

智能型配电自动化系统是在标准型或集成型配电自动化系统基础上，扩展对于分布型电源、微网以及储能装置等设备的接入功能，实现智能自愈的馈线自动化功能，以及与智能用电系统的互动功能，并具有与输电网的协同调度功能，以及多能源互补的智能能量管理分析软件。

总结上述可知，简易型的关键特征为“一遥”、自动开关配合或故障指示器；实用型的关键特征为两遥、无 FA；标准型的关键特征为“三遥”、SACDA+FA；集成型的关键特征为标准型+信息交换总线；智能型的关键特征为集成型+自愈+经济运行(分布电源+微网)。

三、发展配电网自动化技术的意义

配电网自动化是电力系统自动化发展的必然趋势，实现配电网自动化主要有以下几个方面的意义。

（一）降低投资成本

在 DN 中实现自动化，布线方式更加简单。在线路的维护过程中，通过对线路连接开关进行控制，可以对重要负荷进行转移，进而达到恢复供电的目的。配电网自动化建设在线路维护、停电时间和运行方式上比传统的 DN 具有更大的优势。

（二）提高供电可靠性和电能质量

一般来说，用户供电的停止主要原因是线路检修和设备故障。受接线方式的限制，DN 的故障预防能力一般较弱，因此需要全线停电，影响线路没有故障的地区。而具有自动化能力的 DN 能够精确隔离故障设备，在最短的时间内对故障进行隔离，以保障没有故障的线路可以快速恢复供电。

（三）提高管理效率

配电网自动化可以进一步扩大监控范围，改变传统配电系统中监控范围狭窄的问题，使工作人员能够实时监控整个电网，从而提高管理效率，对各种故障做出快速反应，实现高效管理。

（四）提升用户满意度

配电网自动化能及时确定故障位置、故障原因以及故障程度，对恢复供电时间进行预测，并能及时处理客户的报告和投诉，还可以制订抢修方案，及时恢复供电。

（五）提高配电设备的利用率

配电网自动化可以通过负荷监测和设备管理来提高设备的利用率。

第二节　配电网自动化的系统结构

一、配电网自动化系统的结构组成

配电自动化系统主要由配电主站、配电终端、配电子站（可选）和通信通道组成。其中，配电主站是数据处理/存储、人机联系和实现各种应用功能的核心；配电终端是安装在一次设备运行现场的自动化装置，根据具体应用对象选择不同的类型；配电子站是主站与终端的中间层设备，一般用于通信汇集，也可根据需要实现区域监控功能；通信通道是连接配电主站、配电终端和配电子站之间实现信息传输的通信网络。配电自动化系统通过信息交互总线，与其他相关应用系统互联，实现更多应用功能。

（一）配电主站

配电主站是配电自动化系统的核心部分，主要由计算机、操作系统、支撑平台软件和配电网应用软件等组成，实现配电网数据采集与监控等基本功能和电网拓扑分析应用等扩展功能。

配电主站通过基于 IEC 61968 的信息交换总线或综合数据平台与上级调度自动化、专变及公变监测系统、居民用电信息采集系统等实时/准实时系统实现快速信息交换和共享；与配电 GIS、生产管理、营销管理、ERP 等管理系统接口，扩展配电管理方面的功能，并具有配电网的高级应用软件，实现配电网的安全经济运行分析及故障分析处理功能等。

由于配电自动化系统的测控对象包含数量、容量都比较多的开关站和变压器，同时也包括数量极多的但容量较小的户外分段开关，在网络拓扑上宜采用分布式集中控制的模式，主站系统可以是一个局域网，可同时控制中心主站、区域工作站及现场设备。

1. 硬件系统

配电主站硬件采用开放式分布体系结构，硬件系统主要由服务器、工作站、网络设备、安全防护设备、时钟同步装置等硬件设备构成，主要设备采用冗余配置。根据不同的功能，服务器可分为前置采集服务器、SCADA 服务器、数据库服务器、分析应用服务器、支撑平台服务器、接口服务器和 Web 服务器等，工作站可根据运行需要配置，如调配工作站、维护工作站、报表工作站、远程工作站等。服务器和工作站的功能可任意合并组合，具体配置方案与系统规模、性能约束和功能需求有关。

计算机网络结构一般采用分布式开放局域网交换技术，双重化冗余配置，由主干局域网交换机及工作组延伸交换机的二层结构组成。各种服务器分别接入Ⅰ区、Ⅱ区和Ⅲ区主干交换机，各安全分区内的应用工作站采取工作组延伸交换机接入主干网。各区之间通过防火墙或正、反向物理隔离装置进行安全隔离，所有设备应根据安全防护要求分布在不同的安全区中。

配电自动化主站的典型建设模式有独立主站模式、远程分布式子站模式、调配一体化模式三种。根据统筹规划，综合考虑市、县级供电公司电网规模、负荷情况、运行维护水平等多方面因素，遵循配电自动化建设相关技术标准规范，以“做精智能化调度控制，做强精益化运维检修，加强信息安全防护”为目标，基于“新一代”主站系统架构，应用“大数据”“云计算”相关技术，开展“一体化”配电主站系统建设。

通过采用“1+N+X”的部署方式，深入服务配电网调度运行运维检修业务，升级改造各地市配电自动化主站并接入省级管理信息大区主站，全面建设能够适应于配电网全覆盖和跨生产控制大区、省公司管理信息大区应用的新型配电自动化系统。

2. 软件系统

配电自动化主站系统增加新的软件模块是为保证系统运行稳定性不受影响。软件在进行升级的过程中应当兼容所有已有的硬件设备。而对于配电自动化主站系统的服务器以及工作站选用的操作系统一般是 UNIX 或者 Linux 操作系统，其数据库在没有特别要求的情况下一般是实时数据库以及商用数据库或两种数据库相结合的模式，而且在标准化的情况下有标准的 API(应用程序接口)，这样就可以很方便地访问数据库。在配电自动化覆盖率达到一定规模时，且其功能在应用的基础上又比较成熟的情况下，可结合该地区智能电网的情况进行智能化管理和建设。

配电自动化主站软件一般采用分层结构，主要包括操作系统层、支撑平台层和应用软件层。应用软件主要包括配电 SCADA、馈线故障处理、网络拓扑分析、综合告警分析等功能，所有应用软件在统一的支撑平台上实现，具有统一风格的人机界面和数据库管理界面，并使用遵循 CIM(城市信息模型)标准的电力系统模型和数据库。

“新一代配电主站基于跨区一体化平台，包含配电网运行监控与配电网运行状态管控两大类应用功能。”① 通过中间件屏蔽底层操作，可在异构平台上实现分布式应用，所有软件模块应遵循 IEC 61968/IEC 61970 标准，并实现与外部系统数据交互和共享以及第三方软件产品的即插即用。

3. 支撑平台

支撑平台在软件结构中处于核心地位，可分为数据总线层与公共服务层两层。数据总线层提供各应用系统之间规范化的交互机制和适当的数据访问服务；公共服务层为实现各种应用功能提供各种服务，包括数据库管理、图模库一体化维护、人机界面、系统管理、权限管理、报表管理、告警管理、系统诊断等功能。

4. 应用软件

应用软件主要包括配电 SCADA、馈线故障处理、Web 浏览、网络拓扑分析、

---

① 国网浙江省电力有限公司宁波供电公司组．图解配电自动化系统实操［M］．北京：中国电力出版社，2019.

网络重构、状态估计、区域潮流计算等功能，所有应用软件在统一的支撑平台上实现，具有统一风格的人机界面和数据库管理界面，并使用遵循CIM标准的电力系统模型及数据库。

（二）配电终端

配电自动化系统应根据本企业所辖配电网的网架结构、设备状况和实际应用需求，合理选用配电终端。配电自动化终端是安装在配电网的各类远方监测、控制单元的总称，完成数据采集、控制、通信等功能。按照安装站点分类，可分为站所终端(DTU)、馈线终端(FTU)、配变终端(TTU)、配电线路故障定位指示器等类型；按照功能分类，可分为“三遥”(遥信、遥测、遥控)终端以及“二遥”(遥信、遥测)终端等类型；按照通信方式分类，可分为有线通信方式终端和无线通信方式终端等类型。

1. 站所终端(DTU)

站所终端(DTU)是安装在配电网开关站、配电室、环网柜、箱式变电站等处的智能配电终端，依照功能分为“三遥”终端和“二遥”终端，其中“二遥”终端又可分为标准型终端和动作型终端。“二遥”标准型终端用于配电线路遥测、遥信及故障信息的监测，实现本地报警并具备报警信息上传功能；“二遥”动作型终端用于配电线路遥测、遥信及故障信息的监测，并能实现就地故障自动隔离与动作信息主动上传。按照结构不同可分为遮蔽立式、遮蔽卧式、户外立式和组屏式站所终端等。

2. 馈线终端(FTU)

馈线终端(FTU)是安装在配电网架空线路杆塔等处的配电终端，按照功能分为“三遥”终端和“二遥”端，其中“二遥”终端又可分为基本型终端、标准型终端和动作型终端。“二遥”基本型用于接收故障指示器发出的线路故障信息，并具备故障报警信息上传功能；“二遥”标准型用于配电线路遥测、遥信及故障信息的监测，实现本地报警并具备报警信息上传功能；“二遥”动作型用于配电线路遥测、遥信及故障信息的监测，并能实现就地故障自动隔离与动作信息主动上传。

3. 配变终端(TTU)

配变终端(TTU)是用于配电变压器的各种运行参数监视、测量的远方终端。

站所终端、馈线终端和配变终端应具备数据采集、事件记录、时间校对、远程维护、参数设置、数据存储、自诊断和自恢复以及通信、电源管理等功能；馈线终端和站所终端应具备接收远方控制以及判断线路相间故障的能力；馈线终端、站所终端和故障指示器应具备后备电源，保证在主电源失电的情况下能够维持一定时间的工作。

（三）配电子站

1. 配电子站的概念

配电子站即装设在配电变电站内，监测 10kV 出线开关及进行通信转换的监控及处理单元，又称站控终端。

2. 配电子站的设置

是否设置配电子站，设置几级配电子站，每一级设置几个配电子站，取决于配电自动化系统实施的规模以及配电网络的构架、通信设施以及所在地的地理环境等诸多因素。系统中之所以要设置配电子站的主要目的是优化网络结构、实现分层/分散控制。对于较大规模的配电网，其监控设备点多、面广，若把所有的监控终端设备直接连至配电主站上，则实时性难以保证，因此必须增设中间一级，即配电子站，由配电子站管理其附近的开闭所、柱上开关、配电变压器上的配电终端监控设备，完成数据集中器的功能。配电子站是整个系统的中间层，它将 DTU 和 FTU 采集的各种现场信息中转(上传下达)给配电主站的通信处理机，配电子站还具有对所辖区域故障诊断和隔离的功能。

配电子站的设置方式一般有以下两种：

(1) 作为小区内配电网集控站。配电子站作为小区内的集控站，与小区内变电站自动化系统、远程终端单元(Remote Terminal Unit，RTU)、FTU 进行通信，其作用主要是完成小区内馈线自动化功能，负责小区内变电站的集中监控及数据转发。这种方式的优点是可共享变电站自动化与馈线自动化系统的软硬件资源，系统的独立性和实时性好；缺点是系统配置复杂，子站数据处理量大。

(2) 作为小区馈线自动化主站。配电子站作为小区内馈线自动化控制主站时，用以完成线路设备的监控，并具有故障定位、自动隔离及恢复供电功能。在这种方式下，配电子站不包含变电站监控功能，变电站自动化系统或 RTU 数据直接送上级配电主站，配电子站系统数据处理量少，结构简单。配电子站的故障管理功能需要变电站出线开关的配合，它要与变电站自动化系统或 RTU 通信或通过上级配电主站转发出线开关的状态信息，实现对出线开关的监控，因此，其通信配置较为复杂。

(四) 通信通道

配电网自动化程度的重要标志是通信是否符合自动化的要求，它担负着设备及用户与自动化的联络，起着纽带作用。通信通道担负着设备及用户与自动化的联络，起着纽带作用；并且，担负着信息的处理、命令的发送和返回。

关于自动化通信通常概念有两种：一种是外围通信，主要是数据以及语言的通道。采用的方法为有线和无线两大类。有线通信分光纤通信、音频电缆通信、电力载波通信；无线通信分微波通信、扩频通信以及无线电通信。对于城市配电网应结合城区的特殊情况，以及实际应用效果来决定采取哪一种通信方式。另一种通信通常是在计算机上的软件通信，统一规约。各种计算机软件以及数据库、远动装置都是由计算机软件进行数据交换，以实际计算机运行过程中的某一种规定的方式进行。通信规约一般是由设备自身来设定的，同一生产单位的产品规约是一致的，当有不同的生产厂家时，通信规约则会不一致，导致数据传递的失败。

配电网通信系统的主要功能是提供通道，将主站或子站的控制命令准确地传送到为数众多的配电终端，并且将反映远方设备运行情况的数据信息收集到主站或子站，从而实现主站与各子站及远方终端之间的互相通信，传递数据信息、设备状态、控制命令等功能。配电通信系统可利用专网或公网，配电主站与配电子站之间的通信通道为骨干层通信网络，配电主站(子站)至配电终端的通信通道为接入层通信网络。

信息交互宜采用面向服务架构，在实现各系统之间信息交换的基础上，对跨系统业务流程的综合应用提供服务和支持。接口标准宜遵循 IEC 61968-1 中信息交换模型的要求。

二、配电管理自动化系统的体系结构

“配电网的主要特点是数据量庞大，网络结构复杂；由于面对用户，网络运行方式变化多而快，要求处理问题及时；这些特点直接影响系统的结构。”①

（一）传统的配电管理自动化系统结构

传统的配电管理自动化系统结构是根据配电管理的生产部门划分为不同的功能子系统。MIS、SCADA、AM/FM/CIS 各个子系统分别建设，然后设计子系统之间的接口，来实现系统集成的。子系统间数据接口主要方式有文件共享、开放式数据互联（ODBC）技术、TCP/IP 通信或串行通信。

文件共享：通过网络或其他介质交换数据文件以达到数据共享。这种方式简单，但是安全性、灵活性等很差。

开放式数据互联（ODBC）技术：这种方式可以很灵活方便地实现数据的查询，缺点是不具备实时性，不能实现事件和报警通知。

TCP/IP 通信、串行通信：这种方式利用在底层通信协议之上开发专用协议来进行数据通信，灵活性强，但是扩展性能、安全性能不足，开发工作量大。

这种系统集成的设计方法带来的主要问题是各个子系统交互性能差，软件复用程度低。例如，虽然 MIS 系统能够从 SCADA 系统中读取实时数据，但是现有 SCADA 系统大多采用自行开发的监控画面组织方法，MIS 系统是无法复用其监控画面的。采用组件开发，则可以很好地解决这一问题。

（二）配电管理自动化系统的组件化构架

把现有配电自动化软件结构组件化，第一步是在传统结构的基础上，采用分布式多层结构设计，把系统分为应用、组件、数据服务三层。第二步是对各个功能子系统按照数据的流向进行进一步的细分，把具有相同的输入输出数据的部分和特定的业务管理部分划分为可以复用的一个组件。第三步是利用数据服务和可

---

① 许克明，熊炜．配电网自动化系统［M］．重庆：重庆大学出版社，2007.

复用组件，拼装各功能子系统。

配电管理自动化系统由数据服务层、组件层和应用层共三层组成，下面对组成系统的每一层进行说明。

（1）数据服务层。用来完成实时数据、生产管理数据的管理，以及通过空间数据库管理来提供空间数据的存储、查询、管理。

数据服务层对应用程序层提供服务，并对部分需要数据的组件提供服务。

（2）组件层。由不同的组件库组成。每个组件库包含多个功能单一的组件，这些组件属于相对独立的一类功能。

（3）应用层。应用层由配电网各应用组成，每个应用都是通过对一个或多个组件的组装实现。

（三）配电管理自动化系统组件化结构的特点

基于组件技术的多层系统的开发方法不仅提高了软件复用度，而且在可扩展性、灵活性、安全性等方面有了显著提高，并具备了完善的版本控制与软件升级等。

组件化结构的配电管理自动化系统融合了 GIS 技术，与传统的 SCADA 系统、GIS 系统分别开发的模式相比，将 GIS 组件嵌入配电自动化应用软件中的开发模式，有以下优点：

（1）GIS 组件是与数据采集监控系统隔离的功能模块，不影响实时系统的性能。

（2）GIS 组件负责基于地图的设备实时数据的显示，也可以显示没有地图背景的工业画面。由于 GIS 采用标准的图形文件格式以及高度优化的显示算法，设备数据显示以及工业监控画面的制定标准化，大幅减少了在传统工业控制软件开发中占据了很大设计工作比例的显示处理及画面定制开发的工作量。

（3）GIS 组件提供了基于地理信息的操作接口，操作员可以在地图（平面或三维地图）上查询相关设备状态，或者在设备上进行控制操作。

（4）GIS 组件使得在整个系统范围之内以一种一致的风格进行设备管理、实时数据查询成为可能。由于利用了 GIS 组件进行 SCADA 画面组织，消除了传统电力系统中各个部分鲜明的分界。无论是办公自动化系统还是企业 Intranet 都可以对实时数据进行图形监控。

目前的配电自动化系统中，AM/FM/GIS 部分都是离线应用。采用组件式地理信息系统，可以方便地把地理信息系统嵌入现有系统中，保留了离线应用，更实现了在线应用，并逐步缩小监视控制系统 SCADA 和 AM/FM/GIS 的差异。

第三节　配电网自动化规划的原则

我国配电网自动化才刚刚起步，“规划的节约是最大的节约，规划的浪费是最大的浪费”，做好配电网自动化发展规划，不但可为配电网自动化事业的发展带来明显的技术效益和经济效益，而且可为其他县、区供电公司提供良好的借鉴。目前，配电网在整体布局、电网结构、供电可靠性、线损率、电压质量等各项指标都得到了改善，配电网的整体技术素质有了显著的提高。

一、配电网自动化规划的总体原则

配电自动化应与配电网建设改造同步设计、同步建设、同步投运，遵循“标准化设计，差异化实施”的原则，充分利用现有设备资源，因地制宜地做好通信、信息等配电自动化配套系统及设备建设。配电自动化系统的规划设计应遵循经济实用、标准设计、差异区分、资源共享、同步建设的原则，并满足安全防护要求，具体包括：

（1）经济实用原则。配电自动化规划设计应根据不同类型供电区域的供电可靠性需求，采取差异化技术策略，避免因配电自动化建设造成电网频繁改造，注重系统功能实用性，结合配电网发展有序投资，充分体现配电自动化建设应用的投资效益。

（2）标准设计原则。配电自动化规划设计应遵循配电自动化技术标准体系，配电网一、二次设备应依据接口标准设计，配电自动化系统设计的图形、模型、流程等应遵循国标、行标、企标等相关技术标准。

（3）差异区分原则。根据城市规模、可靠性需求、配电网目标网架等情况，合理选择不同类型供电区域的故障处理模式、主站建设规模、配电终端配置方式、通信建设模式、数据采集节点及配电终端数量。

（4）资源共享原则。配电自动化规划设计应遵循数据源端唯一、信息全局共享的原则，利用现有的调度自动化系统、设备（资产）运维精益管理系统、电网GIS平台、营销业务系统等相关系统，通过系统间的标准化信息交互，实现配电自动化系统网络接线图、电气拓扑模型和支持电网运行的静、动态数据共享。

（5）同步建设原则。配电网规划设计与建设改造应同步考虑配电自动化建设需求，配电终端、通信系统应与配电网实现同步规划、同步设计。对于新建电网，配电自动化规划区域内的一次设备选型应一步到位，避免因配电自动化实施带来的后续改造和更换。对于已建成电网，配电自动化规划区域内不适应配电自动化要求的，应在配电网一次网架设备规划中统筹考虑。

（6）安全防护要求。配电自动化系统建设应遵循国家电力监管委员会（2013年改为国家能源局）令第5号《电力二次系统安全防护规定》等有关技术要求。

二、故障处理原则

（1）应根据供电可靠性要求，合理选择故障处理模式，并合理配置主站与终端。

（2）A+、A类供电区域宜在无须或仅需少量人为干预的情况下，实现对线路故障段快速隔离和非故障段恢复供电。

（3）故障处理应能适应各种电网结构，能够对永久故障、瞬时故障等各种故障类型进行处理。

（4）故障处理策略应能适应配电网运行方式和负荷分布的变化。

（5）配电自动化应与继电保护、设备自投、自动重合闸等协调配合。

（6）当自动化设备异常或故障时，应尽量降低事故的影响。

三、主站建设原则

在一个城市的配电管理中心需要设置配电自动化的主站系统。有一些地方配电管理中心和电力调度中心是分开的，因此配电自动化系统（DAS）和调度自动化系统也是完全分开的，有的甚至不在同一地理位置。配电自动化系统为实现故障识别、故障隔离和供电恢复功能，必须有变电站出线开关的配合，因此调度自动化系统必须向配电 SCADA 主站系统转发相关的信息。有一些变电站设有 SCADA 子站系统，主站系统也可以从 SCADA 子站取得变电站出线开关的信息。

另一种方案是配电管理中心和电力调度中心合二为一，在已有的调度自动化系统基础上扩展配电自动化功能，从而将调度自动化系统和配电自动化系统合二为一。这种方案要求已有的调度自动化系统具有比较好的开发性，包括系统体系结构、网络通信方式和数据库系统都必须是开发的，具有很好的可扩充性，可以集成新的功能。

主站建设原则：

（1）配电自动化系统主站应面向智能配电网，突出信息化、自动化、互动化的特点，遵循标准，实现信息交互、数据共享和集成，支撑配电网的智能化管理和应用。

（2）配电主站功能应满足配电网调度控制、故障研判、抢修指挥等要求，业务上支持规划、运检、营销、调度等全过程管理。

（3）配电主站是配电自动化系统的核心组成部分，配电主站应构建在标准、通用的软硬件基础平台上，具备可靠性、适用性、安全性和扩展性。

（4）配电主站的监控范围为变电站中压母线和出线开关监测与控制，开关站中压母线和进出线开关监测与控制，中压线路和开关设备监测或控制，配电变压器（公用、专用变压器）监测，以及分布式电源等其他需要监测的对象。

（5）配电主站应根据配电自动化标准体系要求，充分考虑配电自动化实施范围、建设规模、构建方式、故障处理模式和建设周期等因素，遵循统一规划、标准设计的原则进行有序建设，并保证应用接口标准化和功能的可扩展性。

（6）主站建设应考虑配套的机房、空调、电源等环境条件的建设，满足系统运行要求。

总之，配电自动化主站的建设应遵循统筹规划、分步实施的原则，在规划时要考虑系统的安全可靠、实用和易于扩展。配电网主站管理的对象是配电线路中的设备，而调度管理的是变电所内的设备，两者结构类似，因此从投资和系统投入运行后维护管理的方便性考虑，对于县级电网宜考虑配调一体化的主站设计方案。

四、终端建设原则

在配电自动化系统中，配电设备应包括一次设备(配电开关)、二次设备，如馈线远方终端(FTU)、配变终端单元(TTU)等，以及为一、二次设备提供操作电源和工作电源的电源设备。实施配电自动化，必须以重合器、分段器、负荷开关等具有机电一体化特性的自动配电开关设备为基础，在架空线路上作为分段和隔离故障用的开关应该具有免维护、操作可靠、体积小和安装方便的特点，并且能适应户外严酷的环境条件。

终端建设原则：

(1) 配电终端用于对环网单元、站所单元、柱上开关、配电变压器、线路等进行数据采集、监测或控制。

(2) 配电终端应满足高可靠、易安装、免维护、低功耗的要求，并应提供标准通信接口。

(3) 配电终端供电电源应满足数据采集、控制操作和实时通信等功能要求。

(4) 应根据可靠性需求、网架结构和设备状况，合理选用配电终端类型。对网架中的关键性节点，如架空线路联络开关，进出线较多的开关站、配电室和环网柜，采用“三遥”配置；对网架中的一般性节点，如分支开关、无联络的末端站室，可采用“两遥”或“一遥”配置。

五、通信网建设原则

配电自动化系统和相关应用系统在信息交互时应采用统一编码，确保各应用系统对同一个对象描述的一致性。电气图形、拓扑模型的来源(如上一级调度自动化系统、配电自动化系统、配电 GIS 系统、生产管理系统等)和维护应保证唯一性。

由于配电网自动化系统具有终端设备多，单台设备的数据量小，实时性要求不同的特点，因此应因地制宜，根据当地环境和经济条件确定合理的通信系统，同时要考虑调度自动化通信系统的建设。

在配电自动化中有光纤通信、电力线载波、有线电缆、无线扩频、借助公众通信网等多种通信方式，一般城区 10kV 主干线路采用光缆通信，建成光缆主干网，用于配电开关和主站间的实时通信；城区 10kV 分支线路、变台监控、无功补偿等采用有线通信，就近接入光缆主干网，或采用其他通信方式。

通信网建设原则：

（1）配电通信网规划设计应对业务需求、技术体制、运行维护及投资合理性进行充分论证。配电通信网应遵循数据采集可靠性、安全性、实时性的原则，在满足配电自动化业务需求的前提下，充分考虑综合业务应用需求和通信技术发展趋势，做到统筹兼顾、分步实施、适度超前。

（2）配电通信网所采用的光缆应与配电网一次网架同步规划、同步建设，或预留相应位置和管道，满足配电自动化中期、长期建设和业务发展需求。

（3）配电通信网建设可选用光纤专网、无线公网、无线专网、电力线载波等多种通信方式，在规划设计过程中应结合配电自动化业务分类，综合考虑配电通信网实际业务需求、建设周期、投资成本、运行维护等因素，选择技术成熟、多厂商支持的通信技术和设备，保证通信网的安全性、可靠性、可扩展性。

（4）配电通信网通信设备应采用统一管理的方式，在设备网管的基础上充分利用通信管理系统（TMS），实现对配电通信网中各类设备的统一管理。

（5）配电通信网应满足二次安全防护要求，采用可靠的安全隔离和认证措施。

（6）配电通信设备电源应与配电终端电源一体化配置。

第五章　配电网的馈线自动化技术

根据大量的工程统计，电力用户停电事故中大多是因配电网故障引起的，配电网故障率直接影响着供电的连续性和可靠性。随着我国国民经济的高速发展，人们对电力的需求日益增长，对供电可靠性和供电质量提出了更高的要求。配电网馈线自动化是指变电站出线到用户用电设备之间的配电线路自动化，它是配电网自动化的核心内容，是提高配电网供电可靠性、减少短时停电问题、提升配电网运行安全性的最直接最有效的技术措施。

馈线自动化主要有以下几项功能：

(1) 数据采集与监控(配电 SCADA)。就是通常所说的远动或“四遥”(遥信、遥测、遥控、遥调)功能。

(2) 故障定位、隔离及自动恢复供电。指线路故障(包括小电流接地故障)的定位与隔离及无故障区段供电的自动恢复。

(3) 电压/无功控制。指线路上无功补偿电容器组的自动投切控制及电压调节器的控制。

第一节　配电网馈线自动化远方终端设备

配电终端是安装于中压配电网现场的各种远方监测、控制单元的总称，主要包括馈线终端(FTU)、站所终端(DTU)和配变终端(TTU)。“随着配电自动化技术的发展，其他类型配电终端还包括配电线路分段控制器、分支分界控制器、带通信故障指示器等。”①

---

① 国网福建省电力有限公司，王永明．配电网故障定位技术［M］．北京：中国电力出版社，2018.

一、配电馈线终端（FTU）

智能化终端设备其全名为配电网自动化馈线远方终端单元，是安装在配电室或馈线上的智能终端设备，其包含馈线终端单元和配电终端单元，一般统称为FTU，是整个馈线自动化系统的基础控制单元，起到连接开关与数据采集和主站的桥梁作用。

（一）FTU 分类及工作过程

根据应用场合可分为户外 FTU、环网柜 FTU 和开闭所 FTU，三种类型的 FTU 的基本功能相同，都包括遥信、遥测、遥调和故障电流检测等功能，主要区别在于监控馈线的数量不一样。FTU 通信功能可以将检测的配电网运行数据、报警信息等通过与远方主站通信，传送给主站，同时也可通过远方操作实现对 FTU 的控制、调节和参数设定。

FTU 在本质上是一个具有独立工作能力的智能设备，主要由远方终端控制器、充电器、蓄电池等部分组成，而远方终端控制器是 FTU 的核心模块，需要完成 FTU 的主要功能，包含参数整定、信号测量、逻辑计算、控制输出、通信处理等。FTU 系统通常包括模拟量采集回路、数字量采集回路、通信接口及 CPU、RAM、ROM 等核心芯片。为了追求高性能的滤波和信号处理能力，目前 FTU 已逐渐采用 32 位高集成性能的 DSP 部件。

FTU 通过安装在电源侧的 10kV 电压互感器采集馈线的电压信息，通过开关上的电流互感器采集馈线的线路电流信息。基于上述采集信息通过模数转换、DSP 处理或相关程序运算可获得电压、电流、有功功率、无功功率、功率因数、电量等监视系统运行所需的数据。通过开关辅助节点获取开关的开合状态、储能电源的电量状态等。利用通信接口及通信设备，将所采集信息传送至控制子站或主站，控制子站或主站通过执行相应的控制指令，对开关进行相应的分合闸操作。

（二）FTU 的功能

FTU 通常所具备的具体功能如下所述。

1. 基本功能

（1）配电自动化终端及子站应采用模块化、可扩展、低功耗的产品，具有高可靠性和适应性。

（2）配电自动化终端及子站的通信规约支持 DL/T 634. 5101、DL/T634. 5104 规约，并在条件成熟时支持 DL/T 860（IEC 61850）传输协议。

（3）配电自动化终端及子站应具备对时功能，接收主站对时命令，或接收网络、北斗卫星导航系统（或全球定位系统）等对时命令，与系统时钟保持同步。

（4）配电自动化终端电源可采用系统供电和蓄电池（或其他储能方式）相结合的供电模式。

（5）配电自动化终端应具有明显的装置运行以及通信、遥信等状态指示。

2. 必备功能

（1）采集并发送交流电压、电流，支持超越定值传送。

（2）采集并发送开关动作、操作闭锁、储能到位等状态量信息，状态变位优先传送。

（3）采集温度、蓄电池电压等直流信息并向上级传送。

（4）具备自诊断、自恢复功能，对各功能部件及重要芯片可以进行自诊断，发生故障时能传送报警信息，异常时能自动复位。

（5）具有热插拔、当地及远方操作维护功能。

（6）可进行参数、定值的当地及远方修改整定。

（7）支持程序远程下载。

（8）提供当地调试软件或人机接口。

（9）具有历史数据存储能力，包括不低于 256 条事件顺序记录、30 条远方和本地操作记录、10 条装置异常记录等信息。

（10）配电终端应具备串行口和网络通信接口，并具备通信通道监视功能。

（11）具备后备电源或相应接口，当主电源发生故障时，能自动无缝投入。

（12）具备软硬件防误动措施，保证控制操作的可靠性。

（13）具备实时控制和参数设置的安全防护功能。

（14）具备当地/远方操作功能，配有当地/远方选择开关及控制出口压板。

（15）遥控应采用先选择、再执行的方式，并且选择之后的返送校核信息应由继电器接点提供。

（16）具有故障检测及故障判别功能。

（17）具备数据处理与转发功能。

（18）工作电源工况监视及后备电源的运行监测和管理。后备电源为蓄电池时具备充放电管理、低压告警、欠压切除（交流电源恢复正常时，应具备自恢复功能），人工/自动化控制等功能。后备电源为蓄电池供电方式时，应保证停电后能分合闸操作三次，维持终端及通信模块至少运行 8h；后备电源为超级电容供电方式时，应保证停电后能分合闸操作三次，维持终端及通信模块至少运行 1h。

3. 选配功能

（1）可根据需要配备过流、过负荷保护功能，发生故障时能快速判别并切除故障。

（2）实现电压、电流、有功功率、无功功率的测量和计算。

（3）具备小电流接地系统（中性点非有效接地系统）的单相接地故障检测，支持就地馈线自动化功能。

（4）配电线路闭环运行和分布式电源接入情况下宜具备故障方向检测功能。

（5）可以检测开关两侧相位及电压差，支持解合环功能。

（6）支持 DL/T 860（IEC61850）对配电自动化扩展的相关应用。

二、配电站所终端（DTU）

（一）DTU 的概念及功能

DTU 即开闭所监控终端，是安装在开闭所、环网柜、小型变电站、箱式变电站等处的数据采集与监控终端装置。

DTU 依照功能分为“三遥”（遥信、遥测、遥控）终端和“二遥”（遥信、遥测）终端。按照结构不同可分为遮蔽卧式、遮蔽立式、户外立式和组屏式等。

DTU 具有如下功能：

（1）状态量采集与监控。状态量有开关位置、保护动作信号和异常信号、开关储能信号、无功补偿装置投退状态、通信状态、蓄电池状态监视（选配功能）。

（2）模拟量采集与监控。模拟量有电压、电流、有功功率、无功功率、功率因数等。

（3）控制功能。接收并执行遥控指令，如开关分/合闸操作、无功补偿装置投退。

（4）设置功能。电流整定值、电压整定值、继电保护动作时限等参数的设置；当地、远方操作设置；时间设置、远方对时。

（5）时间记录和上报。①电流、电压超整定值时记录并上报其极限值及发生的起止时间，时间记录精确到分，至少记录最近 3 次；②记录并上报重要状态量变位状态和发生时间；③记录并上报终端主电源失电的起始时间和恢复时间（时间记录精确到分）。

（6）通信功能。具有两个及两个以上通信接口，按预定通信规约的规定，与上级站进行通信，将采集信息及时上报或者接收上级站命令执行相应的操作。

（7）自诊断功能。程序出现死机时自行恢复功能；自动监视主、备通信信道及切换功能；个别插件损坏诊断报告等功能。

（8）当地功能。对有人值班的较大站点，可以完成显示、打印功能；越限报警功能等。

（9）电源及失电保护功能。应有备用电源，主电源失电时，备用电源自动投入，并至少维持终端连续 24h 工作，同时具有备用电源工作状态监视及上报功能。

（二）DTU 的基本结构

DTU 的结构按功能区块来划分，分为核心测控单元、操作面板。

1. 核心测控单元

核心测控单元主要包括中央处理器（CPU）板、交流采样板、遥信板、遥控板和电源部分。

（1）CPU 板。CPU 板是 DTU 核心测控单元的核心部件，CPU 具有处理指令、执行操作、控制时间、处理数据四大作用。CPU 是一块超大规模的集成电路，是一台 DTU 的运算核心和控制核心。它的功能主要是解释 DTU 指令以及处理 DTU 软件中的数据。中央处理器主要包括运算器即算术逻辑部件（ALU）和高速缓冲存储器及实现它们之间联系的数据、控制及状态的总线。除此之外，CPU

板还有内部存储器和输入/输出(I/O)设备。以某厂家PDZ900型DTU为例：CPU板由采样数字信号处理器和通信DSP组成，CPU面板上有1路串口调试接口以及4路RS232/485接口和2个以太网通信接口。串口调试接口和RS232/485接口的波特率可调，以太网10M/100M自适应。

（2）交流采样单元(AC)。交流采样单元的作用是采集站所一次设备的电流、电压，并上传至CPU进行处理。一般每块交流采样单元可采集8个通道，可灵活配置通道类型。电压量与电流量的线路对应关系可以通过软件调整，通过配置装置内设计的线路电压、电流通道号。计算同装置同一条母线上各条线路的功率时，电压量可以只在一组电压采样接口采集。

（3）遥信/遥控板(BIO)。遥信板的作用是采集一次设备的信号，如开关分合位、储能位、就地/远方位等。以某厂家PDZ900型DTU为例：每4路遥信开入共用一个公共端，其中每块YX板上有遥信灯，方便调试人员调试；遥信板的开入电源采用DC24V，遥信回路采用无源回路；遥信板上各遥信量在装置中依次按离主控板的先后顺序累计，相应遥信板需要在插板类型中设定后才能工作。

遥控板的作用是完成分合闸的开出控制，均以常开空接点方式对外接口；HZx、FZx、COMx对应各自的分合闸出口。遥控板上各遥控量在装置中依次按离主控板的先后顺序累计，相应遥控板需要在插板类型中设定后才能工作。

（4）电源板(POW板)。电源板是用于给核心单元供电的设备。电源开关控制整个核心单元的电源。完成两路电源输入至装置内部芯片5V、12V的电源转换。两路输入电源电压可以为DC48V或DC24V。

2. 操作面板

（1）DTU空气开关布置区。DTU的空气开关包括交流电源1空气开关(AK1)、交流电源2空气开关(AK2)、后备电源直流空气开关(DK)、装置电源直流空气开关(1K)、通信电源直流空气开关(5K)、操作电源直流空气开关(CK)，其作用如下：

第一，交流电源空气开关(AK)。交流空气开关是低压配电网络和电力拖动系统中非常重要的一种电器，它集控制和多种保护功能于一身。除能完成接触和分断电路外，还能对电路或电气设备发生的短路、严重过载及欠电压等进行保护。正常情况下DTU有两路交流电源同时供电，分别通过交流电源1空气开关和交流电源 2 空气开关进行投入/切除。

第二，后备电源直流空气开关(DK)。DTU 的后备电源由 4 组 12V 的电池串联而成，后备电源额定电压为 DC48V，后备电源直流空气开关对 DTU 的后备电源进行投入/切除。

第三，装置电源直流空气开关(1K)。DTU 的装置电源直流空气开关是对核心测控单元的供电电源(DC24V)进行投入/切除。装置电源空气开关关闭后，DTU 核心测控单元的相应功能将停止工作，与主站间失去通信。同时面板上的“分”“合”位置灯熄灭。

第四，通信电源直流空气开关(5K)。通信电源直流空气开关控制 DTU 上方通信箱中的 ONU 电源，电压一般为 12V 或 24V。通信电源空气开关断开后，DTU 与主站间同样也会失去通信。

第五，操作电源直流空气开关(CK)。DTU 的操作电源是供给一次设备(开关柜)电动操作机构回路的，目前普遍采用 DC48V(个别地区由于一次设备不同也会采用 AC110V 或 AC220V)。断开操作电源空气开关后，电动操作机构将失去电源，DTU 无法进行遥控功能。通常在开关柜二次回路检修、新装或更换电动操作、开关站全站退出自动化时，将操作电源空气开关断开。

(2) DTU 就地/远方切换开关(SA)、分合闸按钮、压板布置区。DTU 就地/远方切换开关(SA)、分合闸按钮、压板布置区位于空气开关布置区正下方，其具体功能如下：

第一，就地/远方切换开关(SA)。若 DTU 柜就地/远方切换开关(SA)打到“就地”位置时，现场操作人员可以在 DTU 侧用按钮控制开关柜分合；若 DTU 柜就地/远方切换开关(SA)打到“远方”位置时，现场操作人员无法在 DTU 侧用按钮控制开关分合，需要主站下发遥控命令执行。

第二，分合闸按钮。分闸按钮一般采用绿色，按下分闸按钮后，开关由合到分；合闸按钮一般采用红色，按下合闸按钮后，开关由分到合。

(三) DTU 的比较分析

1. 开闭所 DTU 与馈线终端 FTU 的比较

开闭所 DTU、FTU 虽都属于配电终端，其基本原理相同，但由于安装环境、监控对象、系统要求等不同而有区别。柱上 FTU 往往安装在户外柱上或路边等处，主要监控的是单一的柱上开关(一条线路)。对于同杆架设两条线路的情况也有监控两路开关(两条线路)的。监控两条线路比监控一条线路，除了要求 FTU 有更多的模拟量输入、开关量输入以及控制量/数字量输出容量，其他方面对 FTU 的功能要求是完全一样的。开闭所 DTU 一般安装在开闭所内，运行环境较 FTU 要好，但监控对象、功能上却有所不同。

2. 环网柜 DTU 与开闭所 DTU 的比较

环网柜 DTU 安装在环网柜内。环网柜一般都为两路进线、多路出线，因此环网柜 DTU 至少需要监控 4 条线路，要求 DTU 有很大的数据容量。因为环网柜本身的空间很小，所以，对环网柜 DTU 最基本的要求是数据容量大、物理体积小，这就对 DTU 设计和制造厂家提出了比较高的要求。

至于开闭所 DTU，所要监控的开关和线路的数量就更多了，因此对模拟量输入(遥测 YC)、开关量输入(遥信 YX)以及控制量/数字量输出(遥控 YK)的容量要求就更大。但相对于环网柜 DTU，开闭所 DTU 对体积的大小要求不是很严。对开闭所 DTU 的实现主要有两种方法：一种是利用几个 DTU 组合并相互协调来实现，每个 DTU 分别监视一条或几条馈线，同时各 DTU 间通过通信网络互联(如级联方式)实现数据转发和共享。这种方案的好处在于系统可以分散安装，各 DTU 功能独立，接线相对简单，便于系统扩充和运行维护。另一种方案是参照传统的集中控制 RTU 实现方案，在传统的 RTU 基础上将功能增强，提供故障检测功能，甚至继电保护及备用电源自投等功能，由类似的成套设备来完成全部的功能。这种方案的优点在于投资较低，功能也可以完成得更加复杂，缺点是不利于安装及维护，系统扩充也不方便，另外整个系统稳定性也较低。

3. 开闭所 DTU 与变电站 RTU 的比较

与调度自动化系统中变电站 RTU 相比，开闭所 DTU 与变电站 RTU 系统硬件构成基本相同，不同的是装置的容量和功能。由于一般开闭所的规模要小于变电站，故开闭所 DTU 的容量一般小于变电站 RTU 的容量。一般变电站配备专门的继电保护设备，RTU 的功能就是“四遥”（遥测、遥信、遥控、遥调）或“三遥”；而有的开闭所要考虑造价及统一管理问题，需要将保护和备自投、“三遥”

等功能集中到一台装置上，这些功能问题往往要求 DTU 解决。

三、配电变压器远方终端（TTU）

配电终端 TTU 用于对配变的信息采集和控制，它实时监测配电变压器的运行工况，用以完成传统的电压表、电流表、功率因数表以及负荷指示仪和电压监视仪等的功能。它能与配电 FTU 或其他后台设备通信，提供配电系统运行控制及管理所需的数据。一般要求 TTU 能实时监测线路、柱上配电变或箱式变的运行工况，及时发现和处理事故和紧急情况，就地和远方进行无功补偿和可有载调压的配电变或箱式变的自动调压功能。TTU 的引入是提高配电网安全、经济运行的有力工具。

（一）配变仪的基本功能

（1）数据采集功能。能实现遥信量采集、模拟量（交流和直流）采集和电能量采集。

（2）数据报表、曲线统计及存储功能。能定时记录和统计各种测量数据。

（3）无功补偿自动调压功能（包括遥控和遥调功能）。

（4）简单的保护和报警功能。提供断相告警、越限告警和装置故障告警。

（5）数据通信和传输功能。提供与远方通信接口，定时上送各种测量和统计数据，提供远方参数设置功能和对时功能。

（6）设备自诊断功能和故障自恢复功能。能满足恶劣环境下的正常工作，提供防潮、防磁、防震、防雷、防锈、抗高温措施和应对策略。

（二）配变仪的构成

配变仪不需要像 FTU 那样进行实时数据采集和计算以快速识别馈线故障并进行故障隔离。由于数据可以离线计算，TTU 采用的 CPU 性能要求较 FTU 低得多，一般来说，即便采用普通的 8 位的单片机也基本能够胜任。但作为一个独立的智能设备，TTU 构成时同样需要由模拟输入回路、遥信量输入回路、遥控量输出回路以及核心的 CPU 芯片等组成。各模块的构成与 FTU 无多大的区别，所不同的主要是元器件的档次和规模而已。由于配变仪直接安装在负荷点上，供电部门希望能提供较详尽的谐波信息，以便于电能质量的管理。因而 TTU 设计的重点是能够提供定时高速采样(一般要求每周波 64 点以上)功能，并将采样所得数据放入缓冲器中以便 CPU 离线计算。

TTU 的另外一个主要功能是需要提供比较多的遥控输出触点，用于电压和无功自动调节。一般来说，变压器分接头的调节需要 3 副触点(升压、降压和急停)，而电容器的投切则至少需要四副输出触点，它们分别提供按相投切功能和三相投切功能。

TTU 并不像户外安装的 FTU 那样需要提供一整套设备以独立安装在电线杆上或环网柜内，TTU 一般直接安装在电容器补偿柜上或与其他电能表一起安装在控制柜上。这种安装方式决定了 TTU 设计尺寸应尽量缩小，以方便地嵌入安装。

（三）配变仪的软件功能

在软件设计上 TTU 应能提供以下功能。

1. 数据采集功能

（1）遥信量采集包括配变高压侧熔丝熔断，配变低压侧出线的开关位置状态，TTU 终端状态，通信状态。遥信分辨率小于 5ms，去抖动时间 0~60s 可调，SOE 可保存 128 个，具有掉电保持功能。

（2）交流采样有电流、电压、有功功率、无功功率、功率因数、有功电量累计、无功电量累计、谐波(最高 19 次)电压总畸变率(THD)、三相电流谐波分量、低压零序电流及三相不平衡检测。输入线性范围：电压输入 0~120V，电流输入 0~20A(耐受 100A 冲击电流)；精度：电压、电流 0.5 级，功率 1.0 级，电量 1.5 级；频率 48~52Hz，误差<0.01Hz。

（3）直流采样：配变油温、压力测量。

（4）采集电能表脉冲或多功能电能表的数据。

2. 数据报表、曲线统计及存储功能

定时(可设定，5~60min)记录配变运行的三相电压、三相电流、有功功率、无功功率、功率因数、有功电量、无功电量累计以及配变油温，形成配变 24h 负荷曲线记录。数据由现场保存，同时随时上传至 FTU 或配电子站。具备综合的电能质量监测功能，包括监视电压偏差、电压合格率(超限率)、供电可靠性、频率偏差、电压谐波、电流谐波、电压/电流峰值、电压/电流曲线、负荷曲线等。可以按日、月统计，日统计数据和月统计数据均保存在 RAM 中。日统计数据可连续保存 35 天，月统计数据可连续保存 4 个月。配变运行监测记录应具备简单的自动纠错功能，防止如下记录产生：①冲击负荷引起的瞬时电流过大和电压过低；②电容器投切时的瞬时涌流或过电压；③防止将异常数据作为运行参数的最高值和最低值存入记录。

3. 无功补偿自动投切控制功能(遥控和遥调功能)

基于配电自动化系统的无功补偿和自动调压功能，既可按就地方式进行，也可在测点丰富的情况下实现全网统一考虑的远方(集中)控制方式。就地调节可根据实时采集线路、柱上配电变或各种箱式变的运行工况，根据电压、电流和功率因数随时间变化和越限情况，就地启动无功补偿和自动调压策略，补偿和自动调压策略计算无功补偿量和调节抽头量，分级投切电容器和调节变压器抽头。

就地无功补偿和电压自动调节策略可实现以下方式：

(1) 按无功越限即时补偿。

(2) 根据一定时间段的无功情况，进行定时补偿。

(3) 按电压越限即时调节。

(4) 根据一定时间段的电压情况，进行定时调节。

无功补偿和电压自动调节信息需上报主站，包括：

(1) 投切电容量、投切时刻。

(2) 调节变压器抽头量和调节时刻。

(3) 投切电容器和调节变压器抽头前后的电压、电流、有功、无功、功率因数。

TTU 进行无功和电压调节时需要提供三组触点用于调节有载变压器分接头，提供四组空接点控制四组电容器循环投切(三相共补和三相分补相结合的补偿方式，采用固态继电器实现过零无涌流投切电容器，保证电容器的寿命)。投切电容器应有灯光指示并进行记录，且具有越限报警、过压、欠压、缺相、缺零、谐波越限保护闭锁等功能。

4. 简单的保护和报警功能

在发生故障或异常工况时形成上报的故障事项信息和异常报警信息，上报主站。各功能包括：低压出线短路速切；高压断相延时动作；遥测越限报警功能；超温信号远传功能；装置故障报警功能。

5. 数据通信和传输功能

（1）上下级通信。

（2）电能量转发。

（3）与其他终端的信息转发。

6. 设备维护功能

（1）支持当地参数设置及查询，当地电能表底数设置。

（2）设备自诊断功能。

（3）支持远程参数设置及查询，远方电能表底数设置，接收配电主站、配电FTU的对时命令，与系统时钟保持一致。

（4）支持远程诊断。

四、故障指示器

故障指示器安装在配电线路上，用于检测线路短路和接地故障。故障指示器连同通信终端、系统主站、通信通道组成配电线路故障指示器系统，系统的主要功能是检测配电线路的短路、单相接地故障信号上传到主站，主站能够显示故障所在的线路区段，并推送故障消息给线路运维人员。主要作用是辅助配电线路运维人员及时确定故障区段，提高故障查找效率，缩短停电时间。

基于故障指示器技术的故障自动定位系统的工作原理是：先对现场安装的故障指示器分别进行地址编码，故障发生后这些响应了的故障指示器借助通信通道，将地址信息发送到装有基于地理信息系统的故障定位软件的监控中心。"当发生故障后，现场发回来的响应了的故障指示器的地址码在网络接线图上会反映出来，经计算机系统自动进行网络拓扑分析、故障定位分析，就可自动给出故障位置信息。”①

配电线路故障指示系统是一种简洁、实用、经济的自动化方案，具有投资少、施工安装方便、建设周期短、运维工作量小等特点，能够较快地取得应用效果，适合于经济欠发达地区、偏远山区、农村等用电负荷密度不高的区域。

第二节　配电网馈线自动化的开关器件

重合器、分段器、断路器统称为电力开关设备。其中重合器是一种具备故障电流检测和操作顺序控制与执行功能及保护功能的高压开关设备，通常用于就地控制的馈线自动化模式，故障时按反时限保护自动开断故障电流，并依照预定的延时和顺序进行多次的重合，实现馈线故障的自动辨识和隔离；断路器是指能够关合、承载和开断正常回路条件下的电流并能关合在规定的时间内承载和开断异常回路条件下的电流的开关装置，通常用于配电网远方控制馈线自动化模式和负荷开关一起配合使用，通过远方控制实现馈线故障区段隔离与正常供电区域的供电恢复。

一、重合器

重合器一般由触头系统、灭弧系统、操作机构、脱扣器、外壳、控制系统等构成，其主要作用是与其他高压电器配合，通过对电路的开断、重合操作顺序、复位和闭锁，识别故障所在地，使停电区域限制最小。它能够按照预定的开断和重合顺序在交流线路中自动进行开断和重合操作，并在其后自动复位和闭锁，无须附加继电保护装置和提供操作电源。

动作时间具有反时限特性，即电流越大，动作时间越短。当配电网馈线发生短路故障时，重合器检测到故障电流将按照事先整定好的时间进行开断和重合操作；当为永久性故障时，达到整定的最大开断和闭合次数后，断路器闭锁并隔离故障区域；若为瞬时性故障，则在循环分合闸过程中任何一次重合成功，终止后续的分合闸动作。

---

① 程利军．智能配电网［M］．北京：中国水利水电出版社，2013.

（一）自动重合器的分类及特点

自动重合器有单相、三相式。可安装在杆上、地面上、水下或地下。可实现串联分闸、并联分闸等多功能自动分闸。

按灭弧介质可分为油重合器、真空重合器和六氟化硫重合器；按控制方式可分为液压重合器和电子重合器两类，液压重合分为单液压系统和双液压系统。单液压的灭弧、绝缘、操作计数、计时都采用同一种油；双液压的灭弧、绝缘、操作计数采用一般变压器油，而慢速操作的计时采用一种黏滞性较稳定的航空油。单液压用于单相重合器和小容量三相重合器；双液压多用于较大容量三相多油重合器。液压控制和电子控制重合器的原理及特点如下。

1. 液压控制重合器

液压控制经济、简单、可靠、耐用，很适用于农村电网。但液压控制的保护特性无法做到足够稳定、精确和快速，选择范围窄，调整也不方便。整定保护特性时，必须停电打开箱体后才能进行。液压控制重合器用串联于主回路中的分闸线圈检测线路过电流，受线圈机械强度限制，其热稳定性较差。

重合器的液压控制分为单液压系统和双液压系统。

（1）单液压系统。单液压系统由分闸活塞、放油阀、滑阀、计时孔、弹簧阀及分闸线圈等组成。当线路故障电流大于串联分闸线圈额定电流的两倍时，棒式铁芯被吸入圆筒线圈内，使重合器的操作机构动作，重合器分闸。棒式铁心被吸下移的同时，油将经通道排入滑阀的下空腔，使滑阀上移，打开计时孔和放油阀，也使与棒式铁心连在一起的压油活塞随之下移，并将一定量的油压入分闸活塞下的空腔，使活塞上升一定高度，并有一个球阀阻止活塞不能很快复位。

当重合器的动作方式整定为“两快两慢”时，第一次快速操作中，排入空腔的油大部分从放油门顺畅地排出，使棒式铁心的运动减速，触头无延时地被分离。

重合器触头分断后，圆筒线圈失去电磁能量，在触头操作弹簧的作用下，铁心返回初始位置，重合器触头关合。触头关合过程中，伴随产生铁心上升复位和油的返回流动间隔，阻碍了铁心的复位，则使触头关合延时约 1s。

若第一次、第二次重合后故障仍未消失，甚至第三次重合失败，重合器除按整定的动作方式动作外，第四次分闸时，压入分闸活塞内的油，将使活塞升至使分闸杆释放锁栓所需的剩余距离，将重合器触头闭锁在分离状态。此后，只能用手动操作，才能解除闭锁。

如果某次分闸后故障消失，重合器将保持在关合状态，分闸活塞复位，液压控制机构复位，为下一个操作顺序做好准备。

（2）双液压系统。双液压系统是由压油活塞、闭锁活塞、检油阀、检油孔和快速复位阀等组成。这种液压方式重合器的合闸操作是由电磁铁完成的，辅助接地接通高压圆筒式合闸线圈，产生电磁力，推动合闸机构完成合闸功能。合闸的同时分闸弹簧储能，为分闸创造条件。分闸控制过程中的液压运动方式与单液压系统相似。

2. 电子控制重合器

电子控制灵活，功能多，互换性好，保护特性稳定，使用方便。对改善保护配合、提高供电可靠性、提高运行自动化水平都比较理想。该类重合器是将检测线路过电流的套管式 CT 装在顶盖上，通过变流后，在 5A 电流范围内检测线路过电流。因此，热稳定性较好，价格较贵，维修技术水平较高，维护工需掌握电子器件安装、调试技术。

电子控制又分为分立元件电路和集成电路两种。两者相比集成电路较为优越，用微型单片机作为控制元件，体积小，功能强。重合器的分闸电流、重合次数、操作顺序、分闸延时、重合间隔、复位时间等特性的整定，都可简单地在控制箱上通过微动开关予以整定，极为方便。

例如，电子集成电路控制重合器正常运行时，套管 CT 的检测信号经过隔离变压器变换为分别反映各相和中性点电流状态的模拟量信号，再经整流、滤波后进入微处理机，微处理机将模拟量变为数字量，并在程序控制下将这些输入量轮流地与快分电流、反时限时间、接地动作值等整定值逐个比较。当输入的检测值超过整定值时，微机暂停检测，启动电路接通工作电源，进入操作状态，按整定的操作顺序发出分闸或重合信号。线路故障消除或重合器进入闭锁状态后，电路又自动切除工作电源，进入正常检测状态。

（二）重合器之间的配合

1. 液压控制重合器的配合

要注意选择不同的串联脱扣线圈额定值。液压控制重合器的串联脱扣线圈的功用可分为两大类：一类是当过电流流经串联脱扣线圈时，其铁心的运动带动机构打开触头（分闸）并使合闸弹簧储能，多见于较小型的重合器；另一类是当过电流流经串联脱扣线圈时，其铁心仅释放已储能的分闸弹簧，合闸靠分装跨接于两相线的高压螺管线圈实现，合闸过程中分闸弹簧被储能，这一类多见于较大的重合器。

当同类的两个重合器串联使用时，由于动作时间的分散性，如果时间–电流特性（t–I）曲线靠得太近，有可能同时动作。为避免同时动作，应做到以下几点：

（1）应注意重合器动作的时间差。对第一类重合器（串联脱扣线圈操作）两曲线的时间差应不小于 2s（50Hz）；对第二类重合器（螺管线圈合闸）两曲线的时间差应不小于 0.14s（50Hz）。

（2）注意保护电流范围是否合适。不要使快速动作曲线和慢速动作曲线所决定的保护电流的范围可能同时动作而丢失选择性。即如果快速动作曲线相靠近有可能同时动作时，慢速动作曲线应分开，使其有选择性地动作，通过重合器合理的操作顺序来实现重合器的配合。

2. 电子控制重合器间的配合

电子控制重合器间的配合与液压重合器的显著差别是当改变最小脱扣电流值时不会对额定电流产生影响。液压控制重合器直接由一次电流控制；电子控制重合器能非常灵活地选择最小脱扣电流，其重合间隔时间灵活可调。

3. 其他注意事项

无论是液压控制还是电子控制，重合器的配合还应注意以下几点：

（1）在配合中，要注意负荷侧重合器的时间–电流特性（t–I 曲线的时间坐标加上正误差）应小于电源侧重合器的时间–电流特性（t–I 曲线的时间坐标减去负误差）。若前级重合器 t–I 特性曲线的时间坐标为 t_1，误差为 $\pm 0.1t_1$，后级重合器的时间坐标为 t，误差为 $\pm 0.1t_2$，则两曲线间的时间差应不小于 $0.1t_1+0.1t_2$。

（2）为清除瞬时故障，位于电源侧的重合器应有至少一次的快速动作，其后的重合器应有相同或更多的快速动作；对于永久性故障，应使最靠近电源侧的重合器延时动作后闭锁；上、下级重合器要恰当选择时间–电流特性（t–I 曲线），清除同时脱扣现象；利用生产厂家特设置的专门附件清除同时脱扣。

（三）ZCW–10 系列重合器

该重合器采用分布式结构，控制系统采用英国产 2GAB 型保护装置，主开关采用国内最新研制的真空断路器。主开关和控制装置两部分相对独立，安装方式灵活，便于运行维护。该系列重合器保护定值调整范围大，在线调整方便，动作准确可靠，是小型化无人值班变电所及配电自动化的理想设备。

（1）特点。该产品与普通重合器相比较最显著的特点是取消了高压合闸机构，采用低压合闸电源。结构上由最新型的真空断路器和全套进口的控制装置组成。两部分相对独立，安装方式灵活，可根据运行要求单独使用，便于维护和调速，改变定值及有关性能，不影响供电。该重合器采用全微机功能，各种功能完全能通过 RTU 远方控制，使变电站实现无人值班，达到“三遥”“四遥”的目的。该重合器由于采用低压闸机构，可直接用交（直）流 220V 进行操作，使操动机构与高压分离，解决了高压合闸机构其合闸线圈因绝缘水平的要求太高，操动机构必须全部密封在绝缘箱体内从而导致因某个部件损坏在现场无法处理，而使整台重合器停运的难题。

（2）主开关（断路器）技术参数如下：

额定电压为 10kV。

最高工作电压为 11.5kV。

额定电流为 1250（630）A。

额定短路开断电流为 20（12.5）kA。

额定热稳定时间为 4s。

1min 工频耐受电压为 42kV。

冲击耐受电压为 75kV。

额定短路开断次数为 30 次。

机械寿命为 10000 次。

机构形式为弹簧储能机构。

操作电源为 AC220V。

电流互感器配置为 100~600A，1.0，0.5 级。

（3）控制装置技术参数如下：

额定输入电流为 1A。

相间故障动作电流值为 240%（CT 一次额定电流百分比）。

接地故障动作电流值为 10%~105%（同上）。

灵敏接地故障动作电流值为 0.5%~0.96%（同上）。

工作电源为 AC220V。

分合闸信号电压为 AC220V，5A。

远程控制信号电压为 5V。

动作闭锁次数为 1~4 次任意可调。

动作特性为快速、慢速任意组合；安秒曲线为 17 条。

重合闸时间间隔为 1~60s 可调。

首次关合预伏故障，不执行程序，一次分闸闭锁。

（四）基于重合器的馈线自动化系统的不足

基于重合器的馈线自动化系统，虽然在故障发生时能够准确地判断故障区段，并能自动隔离故障区段，恢复健全区域供电，但是这种形式的馈线自动化仍存在以下缺陷：

采用重合器或断路器与电压-时间型分段器配合时，当线路发生故障时，分段开关不立即分断，而要依靠重合器或位于主变电所的出线断路器的保护跳闸，导致馈线失压后，各分段开关才能分断。采用重合器或断路器与过流脉冲计数型分段器配合时，也要依靠重合器或位于主变电所的出线断路器的保护跳闸，导致馈线失压后，各分段开关才能分断。这样做是不理想的，主要表现在以下几个方面：

（1）切断故障的时间较长。

（2）依靠重合器或主变电所出线断路器的继电保护装置保护整条馈线，降低了系统的可靠性。

（3）由于必须分断重合器或主变电所的出线断路器，因此实际扩大了事故范围；若重合器拒分或主变电所出现断路器的保护失灵或断路器拒分，会进一步扩大事故范围。

（4）当采用重合器与电压-时间型分段器配合隔离开环运行的环状网的故障区段时，要使联络开关另一侧的健全区域所有的开关都分一次闸，造成供电短时中断，更加扩大了事故的影响范围。

基于重合器的馈线自动化系统仅在线路发生故障时能发挥作用，而不能在远方通过遥控完成正常的倒闸操作，不能实时监视线路的负荷，因此无法掌握用户用电规律，也难以改进运行方式。对于多电源的网格状网，当故障区段隔离后，在恢复健全区段供电，进行配电网络重构时，也无法确定最优方案。

基于馈线 FTU 和通信网络的配电网自动化系统较好地解决了上述问题。

二、分段器

分段器是提高配电网供电可靠性的一种重要设备，一般装有简单的灭弧装置，其结构比较简单，能切断额定负荷电流和一定的过载电流，但不能切断短路电流。分段器必须和前级主保护开关配合，在失压和无电流的情况下自动分闸。当发生永久性故障时，分段器操作机构动作进行分合闸，达到预定次数的分合闸操作后闭锁于分闸状态，从而达到隔离故障线路区段的目的。若为瞬时性故障或故障已被切除，分段器将会在达到预定最大动作次数前合闸成功并保持合闸状态，并经一段延时后恢复到预先的整定状态，为下一次故障做好准备。

（一）自动分段器的分类及特点

分段器的关键部件是故障检测继电器（FDR）。根据判断故障方式的不同，分段器可分为电压-时间型分段器和过流脉冲计数型分段器两类。

1. 电压-时间型分段器

电压-时间型分段器是凭借加压、失压的时间长短来控制其动作的，失压后分闸，加压后合闸或闭锁。电压-时间型分段器既可用于辐射状网和树状网，又可用于环状网。

电压-时间型分段器有两个重要参数需要整定。其一为 X 时限，它是指从分段器电源侧加压至该分段合闸的时延；另一个参数为 Y 时限，它又称为故障检测时间，它的含义是：若分段器合闸后在未超过 Y 时限的时间内又失压，则该分段器分闸并被闭锁在分闸状态，待下一次再得电时也不再自动重合。

电压-时间型分段器的 FDR 一般有两套功能。一套是面向处于常闭状态的分段开关的；另一套是应用于处于常开状态的联络开关的。这两套功能可以通过一个操作手柄相互切换。

将电压-时间型分段器应用于辐射状网和树状网时，应将分段器全部设置在第一套功能。当 FDR 检测到分段器的电源侧得电后起动 X 计数器，在经过 X 时限规定的时间后，使 Y 接点闭合从而令分段器合闸，同时起动 Y 计数器，若在计满 Y 时限规定的时间以内，该分段器又失压，则该分段器分闸并被闭锁在分闸状态，待下一次再得电时也不再自动重合。

2. 过流脉冲计数型分段器

过流脉冲计数型分段器通常与前级的重合器或断路器配合使用，它不能开断短路故障电流，但在一段时间内，具有记忆前级开关设备开断故障电流动作次数的能力。当达到预定的记录次数时，在前级的重合器或断路器将线路从电网中短时切除的无电流间隙内，过流脉冲计数型分段器分闸达到隔离故障区段的目的。若前级开关设备未达到预定的动作次数，则过流脉冲计数型分段器在一定的复位时间后会清零并恢复到预先整定的初始状态，为下一次故障做好准备。

（二）分段器与重合器之间的配合

配合时分段器的最小动作电流应不大于其电源侧重合器的最小跳闸电流的 80%。电子控制分段器的最小动作电流直接整定；液压控制分段器可选择最小动作电流为其串联脱扣线圈额定值的 1.6 倍。

分段器的计数整定次数至少比后备重合器闭锁前的分闸次数少一次。

分段器的记忆时间必须大于前级重合器动作总的累积时间。总的累积时间(TAT)的含义是后备重合器从第一次开断故障电流瞬间起至最后一次开断故障电流瞬间止的时间间隔。而液压控制及用分立元件设计的电子控制器其记忆及复位等功能由硬件而不是由软件或软硬结合完成的，其复位时间一般都大于记忆时间。

液压控制分段器与其后备重合器配合还应注意累积故障电流时间不超过允许的总的累积时间值的70%及油温的规定值。

（三）重合器、分段器、熔断器的配合

这种配合应分别考虑“重合器与熔断器的配合”和“重合器与分段器的配合”。在配合中重合器采用一快三慢的操作程序。当线器故障发生在熔断器的外侧，重合器第一次延时跳闸之前，熔断器熔断，切除故障，而重合器、分段器不动作。

这三者相互配合时重合器不应采用两次瞬时两次延时程序。这是因为当熔断器外侧有故障时，如采用两次瞬时两次延时程序，重合器将瞬时先后动作两次，分段器计数两次，但此时熔断器尚未熔断。如果故障仍未消除，重合器在按延时跳闸前，熔断器才熔断切除故障段，重合器恢复正常。但熔断器熔断的同时，分段器已第三次计数跳开并闭锁，失去了分段器与熔断器配合的目的。

如果与其保护级相配合必须采用“两次瞬时两次延时”动作程序时，分段器应配装电压抑制装置，具备电压抑制动能，实现“三者”预期配合的目的。

（四）FDKW-10系列分段器

（1）FDKW-10（F)型户外高压跌落式分段器适用于频率为50Hz、额定电压为10kV的三相配电系统，可以记忆电路流过故障电流的次数，与重合器或断路器配合，隔离故障区段，保证无故障电路的正常运行。记忆装置能在故障电流消失后的整定时间内复位。负荷型分段器还能合分1.3倍的额定电流。

（2）特点如下：

第一，隔离故障区段，提高供电可靠性。

第二，可带负荷操作，替代负荷开关。

第三，具有明显的断开点，无须装设隔离开关。

第四，性能价格比高，价格是国内其他类型分段器的1/10，是国外同类分段器的1/20。

（3）技术参数如下：

额定电压为10kV。

最高电压为11.5kV。

额定电流为10~100A。

热稳定电流为6.3kA。

动稳定电流为15.8kA。

热稳定时间为2s。

起动电流为1.6倍额定电流。

复位时间为25s。

记忆时间为10s。

记忆次数为1、2、3。

（4）结构。该产品由三个单相的分段器组成，每个分段器又包括瓷瓶、上静触罩、触头、触头支架、跌落载流管、灭弧罩、弧触头等。

（5）主要特点。该分段器的结构和安装方法类似于跌落式熔断器，但更灵活、安全、方便。不仅可与重合器配合，还可与其他分段器配合。

（6）使用环境条件如下：

环境温度为上限+40℃，下限-35℃。

海拔不超过1000m。

日温差变化范围不大于25℃。

不适用于有火灾、爆炸、化学腐蚀及剧烈振动的场所。

在Ⅲ级污染区内，可使用防污型跌落式分段器。

三、断路器

断路器一般由触头系统、灭弧系统、操作机构、脱扣器、外壳等构成，其主要作用是切断和接通负荷电路，以及切断故障电路，防止事故扩大，保证安全运行。

按照动作原理，可分为机械型断路器和电子型断路器，其动作原理如下：

（1）机械型断路器。当配电网馈线发生短路故障时，故障大电流产生的反向磁场力克服弹簧力，使脱扣器拉动机械操作机构动作跳闸；当负荷过载时，大电流导致双金属片发热量加剧，进而产生变形，当双金属片变形到一定程度时推动操作机构动作。

（2）电子型断路器。事先设定电流基准值，利用互感器采集各相电流大小并与电流基准值比较，当电流异常时微处理器发出信号，使电子脱扣器带动操作机构动作跳闸，从而实现故障电路的切除。

（一）重合器和断路器的比较分析

重合器和断路器有类似之处，但同时存在很大的差异，主要体现在以下几个方面：

（1）在结构上，重合器具有控制系统，而断路器不具有控制系统。

（2）在功能上，重合器强调故障位置辨识，即强调开断、重合操作顺序及复位和闭锁，而断路器强调短路故障的切除，即仅强调开断和关合。

（3）在控制方式上，重合器具有检测、控制、操作装置，无须附加装置，而断路器与其控制系统在设计上往往是分别考虑的，其操作电源亦需另外提供。

（4）在开断特性上，重合器的开断具有反时限特性，以便与熔断器的时间-电流特性相配合，而断路器所配继电保护装置虽有定时限与反时限之分，但无双时性。

（5）在操作顺序上，不同重合器的闭锁操作次数、分闸快慢、重合间隔等一般都不同，而断路器的循环操作顺序常由标准统一规定。

（6）在使用地点上，重合器既可安装于变电站内，也可安装在野外的柱上，而断路器因受操作电源和继电保护装置的限制，只能安装在变电站内。

（二）重合器与断路器（继电器）的配合

当重合器的后备开关设备是断路器时，最后一次的重合间隔时间应不小于15s。这是为了留给控制断路器的继电器以足够的复位(返回)时间。

重合器与断路器配合中，应考虑短路电流被重合器切除后继电器计时盘(感应圆盘)因“惯性”而“滑行”或“过冲”的时间量，以及重合器动作期间过电流脉冲对继电器计时盘的累积效应。

往往由于累积效应使重合器的操作顺序逐步累积时间已经超过继电器计时盘的累计位移时间的100%，在第二次延长操作时间的过电流作用下，重合器尚未动作，断路器就已经动作了，失去了配合的选择性。理想的配合是重合器在完成其全部操作(最多三次重合)，断路器不会动作。

第三节　配电网馈线自动化的控制系统

近几年，随着计算机技术的发展和信息技术的不断进步，系统在电力系统中得到广泛应用，已成为电力自动化的核心之一。利用 SCADA 系统，工作人员可以掌握电网当前的运行工况及发展趋势。此外，利用 SCADA 系统采集的实时信息，可以对电力系统的扰动进行在线快速分析计算，从而预测事故跳闸的后果。可以开发在线潮流计算、系统仿真、矫正控制等高级功能软件；还可以用于在无人值守的环境下进行远程控制。

SCADA 系统随着计算技术的发展而不断完善、不断发展。结合电力系统对数据处理的要求，为后续系统的发展提出新的要求：

（1）SCADA/EMS 系统与其他系统的广泛集成。SCADA 系统是电力系统自动化的实时数据源，为 EMS 系统提供大量的实时数据。同时在模拟培训系统、MIS 系统等系统中都需要用到电网实时数据，而若没有电网实时数据信息，所有其他系统都成为“无源之水”。所以 SCADA 系统如何与其他非实时系统连接成为 SCADA 研究的重要课题；现有的 SCADA 系统已经成功地实现与 DTS（调度员模拟培训系统）、企业 MIS 系统连接。SCADA 系统与电能量计量系统、地理信息系统、水调度自动化系统、调度生产自动化系统以及办公自动化系统的集成成为 SCADA 系统的一个发展方向。

（2）变电所综合自动化。以 RTU、微机保护装置为核心，将变电所的控制、信号、测量、计费等回路纳入计算机系统，取代传统的控制保护屏，能够降低变电所的占地面积和设备投资，提高二次系统的可靠性。变电所的综合自动化已经成为有关方面的研究课题，我国东方电子等公司已经推出相应的产品，但在铁道电气化上还处于研究阶段。

（3）专家系统、模糊、神经网络、遗传等智能技术及算法将逐步应用于新型的电力 SCADA 系统中。

一、配电网 SCADA 的功能与特点

配电网 SCADA 源于工业 SCADA，在 19 世纪 90 年代已经出现了远动控制和

远程显示技术。20 世纪 20 年代，基于电话通信技术，多点传输技术被应用于商业化的 SCADA 控制系统中。20 世纪 60 年代，计算机技术的发展推动了 SCADA 控制系统结构的变革，使得远程参数的大规模获取和大量物理装置的控制更加方便，基于计算机技术的 SCADA 控制系统成为发展主流。SCADA 是一个由计算机、网络数据通信和高级过程监控管理的图形用户界面构成的控制系统架构，并使用可编程逻辑控制器和离散 PID 控制器等其他外围设备与处理器或处理站相连接，通过 SCADA 监控计算机系统来处理能够监控和发出过程命令的操作员接口，如控制器的工作点变化，利用连接到就地传感器和执行器的网络化模块完成实时控制逻辑的执行和控制器计算。实际上，SCADA 系统是一类综合利用计算机技术、控制技术、通信与网络技术等的计算机远程控制与数据采集系统，完成测控点分散的各种过程或设备的实时数据采集，以及生产过程的全面实时监控。

（一）配电网 SCADA 的功能

配电网 SCADA 是以计算机为基础面向配电网生产控制和调度自动化的数据采集与监视控制系统，主要通过远程监测装置实现配电网运行参数和状态量的采集数据的处理与设备的远程控制等。监测装置主要监控对象包括变电站内的 RTU、监测配电变压器运行状态的 TTU 及监控馈线运行状态的 FTU。

通常配电网 SCADA 基本功能包括数据采集、数据处理、报警、事件顺序记录、统计计算、事件顺序追忆功能、故障定位、状态监视、历史数据存储、监督控制、无人值班变电站接口、定值远方切换、线路动态着色等。

1. 数据采集功能

数据采集功能利用 FTU 周期性或事件驱动机制采集配电网的运行数据，是 SCADA 系统最基本的功能，通过 FTU 监视馈线参数，如主要线路的电流、电压、零序电流、零序电压、功率流大小及方向、相位、重合器的整定和状态、分段器和柱上断路器状态、静补电容器组状态、电压调整器状态、设备位置等。通过采集的数据不仅可全面地了解配电网的动态运行情况，而且是其他功能如电网故障诊断、电网状态估计、电网网损计算、电压质量评估等所需数据的基础信息源。

2. 数据处理功能

SCADA 系统采集数据后会立即进行相应的数据处理。

（1）模拟量数据处理（YC）包括：数值的合理性检查、进行工程量转换、更新实时数据库、可进行多级限值检查、变化速率检查、零值死区处理、功率加总和电量加总。

（2）状态量数据处理（YX）包括：合理性检查及报警、逻辑处理及手工状态输入、虚拟遥测和复合遥信的计算。

（3）脉冲量数据处理（YM）包括：实时保存上一周期的脉冲值，计算出本周期内的电量；对无脉冲量的测点，可采用积分电能的方法计算电量；系统可设定高峰时段、低谷时段及腰荷时段，计算出各时段电量；计算结果存入实时数据库和历史数据库。系统对所有设备均可进行挂牌操作，即加上某些标志，在图形上有明确的图符及相应的颜色，以提醒人们注意；挂牌状态存入数据库。

3. 报警处理功能

报警分为预告报警和事故报警。预告报警一般包括设备变位、状态信息异常、模拟量超限、监控系统部件的状态异常、就地控制单元的状态异常及通信异常等。事故报警主要包括非正常操作引起的断路器跳闸和保护装置动作信号。

报警主要分为四种：越限报警、变位报警、事故报警和工况报警。

报警方式由运行人员设置和试验，也可以被禁止。运行人员也可控制报警信息的流向，将不同的报警信息送给相应的人员。报警方式主要有画面闪烁、文字报警、报警表显示、报警内容打印、音响报警和语音报警。用户可以预先定义报警事件的类别以及选择报警方式。

报警处理主要有以下几种方式：

（1）系统发送信息到记录文件中。这种处理方式发生在操作人员进行系统设置、数据库编辑、占有通信通道时，或者在进行监视或控制电力系统的重要操作时，或者在一些点由扫描状态变动到手动状态时。

（2）自动撤销报警显示。当报警原因消除后即可自动撤销。

（3）登录报警并由操作员确认。确认方式包括仅清除事故报警音响、仅确认事故报警、确认事故报警并消除报警音响。

4. 事件顺序记录功能（SOE）

电力系统如有故障发生，通常是由多个继电保护和断路器先后动作。将这些动作的先后顺序和次数，用毫秒级时间标记并记录下来，以供调度人员及时分析和判断故障，进行事故分析和做出运行对策非常有用。时间顺序记录的主要指标是动作时间分辨率，分为站内动作时间分辨率和站间动作时间分辨率两类，前者由 RTU 保证，一般可达到 1ms，后者由 RTU 和整个系统对时来保证，可达到 10~20ms。

5. 统计计算功能

SCADA 系统的计算功能随系统启动而启动，需在线完成系统设置的计算点的计算任务，按照数据变化及规定的周期或时段，不停地处理各种计算点，对模拟量、数字量及状态量数据均可进行计算。

（1）数值计算包括四则运算、逻辑运算、数学函数运算和组合公式计算。

（2）历史数据计算包括计算视在功率、计算电流、计算功率因数、计算各厂站有功功率加总及电量加总、供电量的统计、每日负荷各种指标的统计、电压合格率和越限时间累计统计。

6. 事件顺序追忆功能（PDR）

事件顺序追忆是数据处理的增强功能，通过采集数据模拟量、开关量等完整、准确地记录和保存电网的事故状态，使调度员在一个特定的事件（扰动）发生后可以重新显示扰动前后系统的运行情况和状态，以进行必要的分析。时间段长度可由远动维护人员在系统参数库软件中修改，事故前的追忆点数和事故后的延续点数都可在参数中修改，事故追忆的结果自动存盘，以供事后分析用。

（1）事件追忆启动。当事先定义的事件条件满足后，系统就激发事件追忆程序，用于记录如下的数据：事件发生前后一段时间内系统的实时运行状态，包括多个电力系统的实时断面及断面之间的所有事件。

（2）事故重演。调度人员可以通过调度工作站进行事故重演，包括可以同时运行实时画面，可以选择已经记录的时段中的任何一小段时间内的电力系统状态进行重演，可以设定选定的时间段中的任意时刻作为事故重演的起始时间，可以设定事故重演的速度，可以随时暂停正在进行的事故重演，也可以重新选定一个小的时间段的系统状态进行重演。

（3）事故分析。可以选择要分析的对象，可以选择已经记录的各个时间段中的任意一个小的时间段的系统状态进行分析，可以将这些被分析对象的状态及其发生时间作为分析结果，在画面上显示出来，或者作为文件保存或打印输出。

（二）配电网 SCADA 的系统特点

电力系统电能的生产包括发电、变电、输电、配电等几个环节，各环节的电能设备(发电机、变压器、输电线、电网馈线以及各种开关、刀闸和隔离设备、用户用电设备等)共同构成了电力网。电力网又可以分为输电网和配电网。与之相对应的 SCADA 系统也可以分为输电 SCADA 系统(TSCADA)和配电 SCADA 系统(DSCADA)。

电力系统的 SCADA 系统最初只是在输电系统进行开发。随着配电自动化的实施，SCADA 系统逐步被引用到配电网的监控中，虽然配电 SCADA 起步较晚，而且功能和输电 SCADA 基本相同，但是并不意味着可以照搬输电 SCADA。相反，配电 SCADA 系统比输电 SCADA 系统更为复杂，具有其独特性，主要表现如下：

（1）配电网一般是树状结构，不仅有集中在变电所的设备，还有大量分布于馈线沿线的设备(如柱上变压器、开关等)，数据分散、点多、每一点信息量较少，采集信息比输电网困难。

（2）配电网设备较多，数据量一般要比输电网多出一个数量级。

（3）配电网的操作频度及故障频度远比输电网多，因此采集的信息应该能反映配电网的故障，例如短路故障前后的电压和电流。

（4）配电网是三相不平衡网络，而输电网是三相平衡网络，因而无论在计算上还是在 SCADA 图形监视上都不尽相同。

（5）对于配电网而言，需要有建立在 SCADA 系统之上的具有故障隔离能力及恢复供电能力的自动操作软件。

（6）配电网因其点多面广，配电网 SCADA 系统对通信系统提出了比输电网 SCADA 更高的要求。

（7）配电网直接连接用户，由于用户的增容、拆迁、改动等原因，使配电网 SCADA 系统的创建、维护、扩展工作量非常大。

二、配电网 SCADA 的监控对象与任务

（一）配电网 SCADA 系统的测控对象

1. 10kV 线路的分段开关、联络开关的监控

为了对 10kV 线路上分段和联络开关进行远方监控，必须将各柱上开关改造成为具有低压电动合闸和跳闸操作机构可实现远方控制的真空开关，并和开关同杆安装馈线远方终端单元（FTU）。监视内容包括开关状态、三相电流、三相电压、有功功率、无功功率、故障电流等。控制内容主要是负荷开关、联络开关的遥控操作。10kV 线路上集抄系统的数据也可通过集抄装置和 FTU 通信，由 FTU 送采集电量信息。

2. 10kV 配电变压器的监控

为了对 10kV 线路上的柱上配电变压器进行远方监控，必须在变压器台处安装配电变压器远方终端单元（TTU）。配电变压器远方终端单元采集 10kV 线路沿线配电变压器的有功功率、无功功率、电流、分接头位置等信息；还与 FTU 通信，并通过 FTU 转发上送数据。

3. 10kV 开闭所和重要配电变电站的监控

为了对 10kV 开闭所和重要配电变电站进行远方监控，必须在开闭所和配电变电站内安装远方终端单元。

4. 监视为配电网供电的 110kV 变电站中的 10kV 出线

对于配电网而言，变电站的 10kV 出线就是网络的电源。在配电 SCADA 系统中对于 10kV 出线主要以监视为主，监视内容包括出线的有功功率、无功功率、三相电流、三相电压、功率因数等。由于地（县）的调度自动化系统或变电站综合自动化系统中都有变电站 10kV 出线的监控手段，因此对于这一监控对象，采用的监控办法主要是从已有的监控系统中向配电 SCADA 系统增加数据转发接口。

（二）配电网 SCADA 监控任务

通过对各个监控对象的监控可以达成相应的“四遥”任务，即遥信、遥测、

遥控、遥调。

1. 遥信

利用现场终端设备采集配电网的各种开关设备的实时状态(开关量)，如断路器位置信号、断路器失灵信号、各种越限动作跳闸信号、重合闸动作信号、交直流电源异常信号、分段开关位置信号，并通过配电网的传输信道送到监控子站或主站。

2. 遥测

利用现场终端设备采集配电网的各种模拟量(如电流、电压、短路电流、短路电压、用户负荷、相位等)的实时数值，并通过配电网的传输信道送到监控子站或主站。遥测信息以采集电流信息为主，同时考虑小电流接地信号的采集。

3. 遥控

由运行人员通过监控主站或子站发送开关开合命令，通过配电网信息传输信道传给现场终端执行机构，实现开关设备远程开合操作，从而实现配电网运行方式优化、故障隔离、用户供电恢复等。

4. 遥调

由运行人员通过监控主站、子站或高级监控程序发送参数调节命令，并通过配电网传输信道传达给现场设备终端调节机构对特定参数进行调节，从而实现参数整定和基准值重新设置。

配电网 SCADA 的任务可归纳为：向配电网运行人员提供配电网实时数据，使其动态了解配电网实时情况和负荷变化趋势；为各种电力系统自动化高级功能软件提供准确可靠的信息源，实现对配电网优化控制、调度、故障预测和恢复；提升配电网自动化水平，提高工作效率，减轻运行、操作、维护人员的劳动强度。

三、配电网 SCADA 的系统结构及配置

(一) 配电网 SCADA 的系统结构

鉴于配电 SCADA 系统的监控对象的特点，配电网 SCADA 系统一般采用“分层集结”的组织方式，具体视实际情况可分为如下几个层次。

1. 配电网络终端设备

配电网络终端设备是指硬件层上的各种数据采集设备，如各种 FTU、TTU、

RTU 及各种智能保护设备、控制设备等，位于远方现场，主要实现数据采集、调节、信息上传和本地控制等功能。

2. 通信网络

系统的通信网络主要用于 RTU 与主站通信或与其他 RTU 通信、FTU 与上级子站的通信、子站与主站的通信等。配电自动化系统中可采取的通信方式有二十多种。RTU 可支持的通信方式有主站触发的通信方式和 RTU 触发的通信方式。可靠的通信网络是配电自动化的必要条件，实时性是通信网络的特点。

3. 子站

子站又称为区域工作站，实际上是一个集中和转发装置。它既要通过查询向各现场终场收集、查询信息，存入实时数据库中，又要负责向控制中心主站上报信息。

4. 主站

主站是整个配电自动化网络结构的控制中心，接收子站信息的上传并下达相关的命令。以上这种分层集结的 SCADA 系统组织方案在我国配电自动化工作开展中，可以根据具体情况来进行。

（1）对于无条件一次性建立起配电自动化系统的城市，可先选择一个或几个小区进行配电自动化试点，然后逐步推开。这时在集控站或者小区变电站设置 SCADA 系统子站，即使配电自动化主站系统还没有建立起来，也能独立完成小区内配电网的 SCADA 系统监控功能，有利于分步实施。

（2）对于有条件一次性建设 SCADA/DA/DMS 主站的电力部门来说，在集控站或小区变电站设置 SCADA 系统子站也有好处。首先，它能减少主站数据处理数量，提高系统响应速度；其次，当主站故障时子站系统还能独立运行，提高了系统可靠性；最后，子站还可以作为数据集中器，转发小区内 RTU、FTU 及其他自动化装置的数据，从而优化通信信道的配置，降低通信系统的投资。

（二）配电网 SCADA 的配置

依据配电网 SCADA 的特点，配置时通常采用分层组织模式，即把分散的配电网自动化终端设备组成多个配电子站，实现监控信息的区域集结，然后汇集到配电主站，实现配电网SCADA的数据采集和控制功能。此外，因配电网进线监视、开闭所监视、馈线自动化、配变监视等之间具有强耦合性，需要将馈线自动化、开闭所监视及配电变电站自动化等集成为一体化的配电网SCADA。当监控对象分散性强、数量大、面积广时，可进一步对子站进行多级分层。

配电网SCADA的分层配置主要包括主站配置、子站配置、自动化终端设备配置。主站通常设置在配电管理中心，分为单独配置模式和电力调度中心协同配置模式；子站又称为中压监控单元，其配置位置、数量、层级数等取决于配电网结构、规模、负荷情况、地理环境等，其配置模式通常有独立模式、与变电站自动化系统协同配置模式；自动化终端设备配置有多点共线模式、主从模式、多点环式模式、一对一模式，采取何种模式要在对可靠性、经济性、监控对象的数量、规模等综合分析的基础上确定。

四、配电网SCADA与集中智能型馈线自动化系统

集中智能型馈线自动化系统通常都建立在配电网SCADA基础上，利用其提供的数据源信息实现配电网馈线故障的辨识、供电恢复等。配电网SCADA可比作自然界生命体的神经元，利用其获取集中智能型馈线自动化系统所需的继电保护动作信息、过电流信息、开关位置信息等，而馈线自动化系统则是一个信息加工场，当检测到配电网SCADA存在故障报警信号时，通过故障辨识算法对由配电网SCADA获取的数据源信息进行分散或集中处理，找出馈线故障的位置，然后利用供电恢复算法确定供电恢复优选方案，并将馈线故障位置、供电恢复方案上传至配电网SCADA，进而利用配电网SCADA的遥调功能实现故障馈线隔离与非故障区域的供电恢复。

五、无线电力负荷监控系统

电力负荷监控系统是一个集现代化管理、计算机应用、自动控制、信息等多学科技术于一体，实现电力营销监控、电力营销管理、营业抄收、数据采集和网络连接等多种功能的一个完整的系统。为了提高电力需求侧的管理水平，做好电力营销管理工作，保证电网安全、经济、优质地运行，目前全国各个省份都在积极开展电力负荷监控工作。实践证明，电力负荷监控对于电力生产、电力经营具

有十分重要的意义。

无线电力负荷监控系统是以供电企业为中心，利用无线电通道，通过遥控、遥信、遥测等多种手段，对电力客户进行负荷管理、控制、监测和服务的系统。它是目前技术限电的重要手段，是实现用电管理现代化的基础。无线电力负荷监控系统由设在供电企业的中心控制台和设在电力用户侧或变电站的终端设备组成。另外，有些系统还包括中继站、分中心控制台。

（一）中心控制台

系统的中心控制台负责整个系统的管理和控制，以计算机、无线电台为核心，依靠软件的支持，由工作人员进行操作，完成负荷管理和控制任务。它包括微机系统、无线电台、控制分机、电台电源、UPS、天线馈线等。为使系统正常运行，实现各种功能，还包含一套软件，即系统软件、支撑软件和应用软件。有的中心控制台还包含网络系统。

负荷控制中心的任务，具体如下：

（1）编制电量指标分配计划。

（2）监视各配出线负荷，编制负荷曲线，调整负荷和限载计划。

（3）对大宗用户的表计进行遥读和营业管理。

（4）负荷控制任务，由网络中调度工作站来完成。

（二）客户终端设备

客户终端设备主要是安装在电力客户或变电站的智能化执行机构，其受中心控制台监测和控制，可分为双向终端和单向终端两大类。双向终端可以向中心控制台反馈数据信息，单向终端则不能。除此以外，电力用户终端设备还包括天线（全向或定向）、馈线、模拟量变送器、多功能电子表等。

用户的负荷终端系统采用两种方案：

（1）采用国产常规负荷控制终端，经无线数传电台进入自动化系统。

（2）选用进口综合功能电表，经光纤电缆接入 MODEM，与数传电台相接，进入自动化系统。

终端一律采用双向终端。

（三）主站网络系统

目前，主站网络系统主要是 Novell 网络系统。该系统由计算机网卡、服务器、网络接口、网络软件等组成。其中，网络软件包括网络管理软件、数据库管理软件及相应的工作站应用软件。与调度系统接口，向调度系统提供城市电网负荷情况及限电信息，并同时索取电网实时运行情况、紧急限电信息，实现信息共享。

与用电营业系统接口，实现远方抄表，对客户实行峰谷电价、功率因数、最大需量等考核，同时可以对远方电表参数整定和下发收费通知，为用电营业管理现代化提供重要手段。

与现有的用电信息管理系统（即 MIS 系统）联网，可根据 MIS 系统提供的客户用电信息和配电网运行工况信息，合理编制用电计划。

与现有的局网络系统连接，可为三电办、经理室……总工室及其他远程客户（如市经委）提供相关的负荷监测数据及各客户用电的统计数据。

如果还没有建立局网络系统，可以以负荷控制系统为中心，建立网络系统，在需要的部门设置工作站，网上所有工作站可以通过网络服务器取得相关信息。

（四）中继站与二级站系统

1. 中继站

无线电力负荷监控系统所采用的 230MHz 频段特高频无线电波以直射和反射传播为主，仅有很少的绕射。这一性质决定了无线电波的传播必然要受控制面的大小、控制距离的远近、地形的影响等因素的制约。有些地区的无线电力负荷监控系统需要建立若干个中继站。中心控制台控制不到的电力客户可以通过中继站实现控制。

目前，使用中继站有以下两种情况：

一种情况是部分电力客户在中心控制台服务区外，需要通过中继站进行控制。另一种情况是中心控制台天线高度不够，需要将中心控制台天线架设在较高的位置，此时中心控制台不直接和客户通信。

中继站由全双工电台、调制解调器、中继控制器、电台电源、全向天线、低损耗电缆、后备电源等组成。

2. 二级站

所谓二级站主要指市(地)控制中心管辖的县级站或具有内部管理机构的大客户站，在其下还要设置各种终端。

二级站对信息不仅是照抄照转，而且由其处理机对信息进行处理后再传送，二级站系统也称分系统控制站。

二级站系统具有独立系统的工作能力，具备负荷控制系统的功能，同时它又受控于主站系统。主站系统有权屏蔽或开放分站主台的操作，分站的主台只有在主站系统对其开放命令的前提下才能对其下属终端进行操作。主站系统一般只进行监视和对分站主台下定值，并不直接对分站的终端进行操作，但其具备对分站的终端进行操作控制的能力。二级站系统的核心部分是控制器。由于二级站系统的建立，中心控制站相应需要增加通信接口、扩展及管理设备，以满足和县站的联系，此类设备即为通信控制器。

第六章　配电网自动化故障处理与运维技术

第一节　配电网自动化的智能建设与运行维护

随着国内经济社会的快速发展，全社会对电能的需求稳步增长，国内电力基础设施建设取得了显著的成绩。与此同时，为了适应经济社会发展对电力行业提出的需求，国内电力行业自 21 世纪初开始大力推进智能电网建设，建设以特高压输电网络为骨干、各层次电网协调发展的信息化、自动化、数字化电网。在国内智能电网建设的过程中，电网在线监测、故障在线定位技术得到了很快的发展，国内部分地区已经建成具有较高水平的配电网在线监测系统。

一、基于配电自动化的智能配电网建设

智能电网建设中的智能配电是指以灵活、可靠、高效的配电网网架结构和高可靠性、高安全性的通信网络为基础，支持灵活自适应的故障处理和自愈，利用信息通信、高级传感和测控等技术，满足高渗透率的分布式电源和储能元件接入的要求，满足用户提高电能质量的要求。

基于配电自动化的智能配电网建设是研究如何通过配电自动化系统实现配电网全面监测、灵活控制、优化运行及运行维护管理集约化等功能，满足大幅度提升配电网整体可靠性和运行效率的目标要求。研究的内容还包括配电自动化系统与其他系统(如 GIS、95598 等)的互联，以及配电网自愈、优化运行、负荷预测、状态估计等高级应用。

未来的智能配电网自愈能力将进一步增强，配电网安全性将进一步提高，抵御外力和自然灾害的能力也将进一步提升，配电网将提供更优质的电能，而且支

持分布式电源的大量接入，配电设备的运行状态也会得到实时监控，设备资产的利用率将会大幅提高。这些智能配电网带来的美好前景将很快得到实现。

（一）智能配电网的功能特征

智能配电网是人们对未来配电网的憧憬。它不是一项局部的技术，也不是传统配电网的简单改进与提高，而是将各种配电新技术进行有机集成、融合，使系统的性能出现革命性的变化。智能配电网具有以下功能特征。

1. 智能电网有更高的安全性

智能电网能够有效抵御自然灾害与外力破坏的影响。智能电网应具备被攻击后快速恢复的能力，甚至是对付从那些决心坚定和装备精良的攻击者发起的攻击。智能电网的设计和运行都将阻止攻击，最大限度地降低其后果和快速恢复供电服务。智能电网也能同时承受对电力系统的几个部分的攻击和在一段时间内多重协调的攻击。智能电网的安全策略将包含威慑、预防、检测、反应，以尽量减少和减轻对电网和经济发展的影响。无论是物理攻击还是网络攻击，智能电网要通过加强电力企业与政府之间重大威胁信息的密切沟通，在电网规划中强调安全风险，加强网络安全等手段，提高智能电网抵御风险的能力。

2. 智能电网是自愈电网

智能电网能够及时检测出已发生或正在发生的故障并进行相应的纠正性操作，使其不影响用户的正常供电或将其影响降至最小。自愈主要是解决供电、间断的问题，包括故障重合闸等引起的瞬间断电。

“自愈”指的是把电网中有问题的元件从系统中隔离出来，并且在很少或不用人为干预的情况下可以使系统迅速恢复到正常运行状态，从而几乎不中断对用户的供电服务。从本质上讲，自愈就是智能电网的“免疫系统”。这是智能电网最重要的特征。自愈电网进行连续不断的在线自我评估以预测电网可能出现的问题，发现已经存在的或正在发展的问题，并立即采取措施加以控制或纠正。自愈电网确保了电网的可靠性、安全性，电能质量和效率。自愈电网将尽量减少供电服务中断，充分应用数据获取技术，执行决策支持算法，避免或限制电力供应的中断，迅速恢复供电服务。

基于实时测量的概率风险评估将确定最有可能失败的设备、发电厂和线路；实时应急分析将确定电网整体的健康水平，触发可能导致电网故障发展的早期预警，确定是否需要立即进行检查或采取相应的措施；与本地和远程设备的通信将帮助分析故障，电压降低、电能质量差、过载和其他不希望的系统状态，基于这些分析，采取适当的控制行动。自愈电网经常应用连接多个电源的网络设计方式。当发生故障或发生其他问题的情况时，在电网设备中的先进的传感器确定故障并和附近的设备进行通信，以切除故障元件或将用户迅速地切换到另外的可靠的电源上，同时传感器还有检测故障前兆的能力，在故障实际发生前，将设备状况告知系统，系统就会及时地提出预警信息。

3. 智能电网提供更高的电能质量

智能电网提供电压有效值和波形符合用户要求的电能。由于用电设备的数字化对电能质量越来越敏感，电能质量问题可能导致生产线的停产，对社会经济发展具有重大的损失，因此提供能满足21世纪用户需求的电能质量是智能电网的又一重要特征。但是电能质量问题不是电力公司一家的问题，因此需要制定新的电能质量标准，对电能质量进行分级，因为并非所有的商业企业用户和居民用户，都需要相同的电能质量。电能质量的分级可以从“标准”到“优质”，取决于消费者的需求，它将在一个合理的价格水平上平衡负载的敏感度与供电的电能质量。智能电网将以不同的价格水平提供不同等级的电能质量，以满足用户对不同电能质量水平的需求，同时要将优质优价写入电力服务的合同中。

4. 智能电网支持分布式电源的大量接入

改进的互联标准将使各种各样的发电和储能系统容易接入。从小到大各种不同容量的发电和储能在所有的电压等级上都可以互联。智能电网不再像传统电网只能被动地硬性限制DER接入点与容量，而是从有利于可再生能源发电足额上网、提高运行效率、节省整体投资出发，积极接入DER并发挥其作用。

在智能电网中，大型集中式发电厂包括环境友好型电源，如风电和大型太阳能电厂和先进的核电厂将继续发挥重要的作用。加强输电系统的建设使这些大型电厂仍然能够远距离输送电力。同时各种各样的分布式电源的接入一方面可减少对外来能源的依赖，另一方面可提高供电可靠性和电能质量。

5. 智能电网支持与用户的互动

在智能电网中，用户将是电力系统不可分割的一部分。鼓励和促进用户参与电力系统的运行和管理是智能电网的另一重要特征。一是应用智能电能表，实行动态实时电价，让用户自行选择用电时段；二是允许用户拥有的 DER(包括电动车等)向电网送电。

在智能电网中，和用户建立的双向实时的通信系统是实现鼓励和促进用户积极参与电力系统运行和管理的基础。实时通知用户其电力消费的成本、实时电价、电网目前的状况、计划停电信息以及其他一些服务的信息，同时用户也可以根据这些信息制订自己的电力使用的方案。

6. 智能电网提供更高的资产利用率

智能电网通过完善的实时监控，提高系统容量利用率，减少一次设备投资，达到所谓的电子换钢铁的投资效果；通过优化潮流分布减少线损，提高运行效率；在线监测并诊断设备运行状态，实施状态检修，延长设备使用寿命。

7. 智能电网对配电网及其设备进行可视化管理

实时采集配电网及其设备运行数据，以及电能质量、故障停电等数据，为运行人员提供高级的电网监控界面，克服盲管现象。

8. 智能电网实现配电管理与用电管理的信息化

将配电网实时运行与离线管理数据高度融合、深度集成，实现设备管理、检修管理、停电管理及用电管理的信息化。

(二) 智能配电网的发展任务

智能配电网发展主要分为两大步。

1. 第一步的主要任务

(1) 智能配电网网架体系建设。

(2) 标准模型与交换体系集成。

(3) 通信体系与信息模型建立。

(4) 智能设备、智能终端、智能电能表、智能传感器研发。

(5) 智能配电网实验室建立。

（6）智能配电网生产、管理、报修等子系统一体化、可视化平台建立。

（7）故障报修、95598 接警分析。

（8）快速仿真、状态估计、潮流分析。

（9）在线风险预警技术分析。

（10）储能技术研究。

2. 第二步的主要任务

（1）智能配电网运行优化重构。

（2）智能配电网智能监视及自愈控制可视化。

（3）配电智能调度。

（4）设备不停电检修。

（5）智能自愈控制高级应用。

（6）电能质量监测与协调。

（7）电力技术定制。

（8）电动汽车充电站规划、调度。

（9）分布式电源和微电网即插即用、智能接入及运行控制。

我国坚强智能电网进入全面建设阶段，在示范工程、电动汽车充换电设施、新能源接纳、居民智能用电等方面持续大力推进。所有技术都以安全为基础，通过技术手段解决各种安全隐患，是智能配电网发展需要考虑的首要问题。

二、电网智能化规划建设

电网智能化规划研究包括发电、输电、变电、配电、用电、调度和信息通信平台等环节，为便于规划目标的实现，前期准备的工作内容，“主要包括填报现状表格数据、规划期的建设内容以及项目需求清册，提供各专业智能化发展的技术路线、发展目标、实现路径等内容。”①

要根据当前电网发展实际，结合电网智能化建设的战略目标、发展思路、目标任务，分阶段确定规划重点；按照总体电网智能化规划目标和各环节的智能化规划目标，确定各环节规划指标。做到各环节规划内容充分协调、有序推进，切

① 肖树．国网江苏省电力有限公司配电网规划业务指导手册［M］．武汉：华中科技大学出版社，2020.

实提升电网智能化发展水平。

（一）智能配电网建设改造的方向

结合国家新一轮农村电网升级改造的工作要求，按照电网向更加智能、高效、可靠、绿色方向转变，企业管理向精益化方向转变的思路，建设城乡统筹、安全可靠、经济高效、技术先进、环境友好的配电网络设施和服务体系的工作目标，智能配电网的建设将从配电网自动化、配电变压器监测终端、智能电能表、集抄设备方面推广应用；县级供电企业将以智能配电网的发展需求为目标，综合运用新技术、新设备，保证电网供电可靠率、综合电压合格率等指标，有效保障配电网的可视化供电能力。

智能配电网是智能电网的关键环节之一。通常 110kV 及以下的电力网络属于配电网络，配电网是整个电力系统与分散的用户直接相连的部分。智能配电网系统是利用现代电子技术、通信技术、计算机及网络技术将配电网在线数据和离线数据、配电网数据和用户数据、电网结构和地理图形进行信息集成，实现配电系统正常运行及事故情况下的监测、保护、控制、用电和配电管理的智能化。

智能配电网系统配用电自动化系统由主站、通信系统、自动化监控终端设备三大部分构成，形成一个完整的信息传输与处理系统，实现对配电网运行的远程管理。对于智能配电网系统来说，三大部分中通信系统是实现数据传输的关键和核心，通信系统将主站的控制命令准确地传送到众多的远方终端，且将远方设备运行状况的数据信息收集到控制中心。智能配电网通信系统可由多种通信方式组成，主要采用光纤和电力载波通信方式。自动化监控终端设备包括馈线终端设备（FTU）、配变终端设备（TTU）、开闭所终端设备（DTU）等。

智能配电系统的三大目标是：安全可靠、优质高效、灵活互动。智能电网中配电环节的重点工程包括：配电网网架建设和改造、配电自动化试点和实用化、关联和整合相关的信息孤岛、分布电源的接入与控制和配用电系统的互动应用等。为了满足用户对供电可靠性、电能质量及优质服务的要求，满足分布式电源、集中与分布式储能的无扰接入，未来电网中传统的配电系统运行模式和管理方法亟待改善。配电网从传统的供方主导、单向供电、基本依赖人工管理的运营模式向用户参与、潮流双向流动、高度自动化的方向转变。

智能配电系统可实现以下目标：

（1）实现配电网的最优运行，达到经济高效。

（2）提供优质可靠电能，保障现代社会经济的发展。

（3）推动新能源革命，促进环保与可持续发展。

传统的配电网的规划设计、保护控制与运行管理方式基本上不考虑分布式能源的接入，而且为不影响配电网的正常运行，现有的标准或运行导则对接入的分布式电源的容量及其并网点的选择都做出了严格的限制，制约了分布式发电的推广应用。智能配电网具有很好的适应性，能够大量接入分布式能源并减少并网成本，极大地推动了可再生能源发电的发展，大幅降低了化石燃料使用和碳排放量，在促进环保的同时，实现电力生产方式与能源结构的转变。

在能源需求不断增长、新技术不断发展融合以及环保呼声日益高涨的今天，智能电网已成为电力工业的必然要求，也成为世界各国应对未来挑战的共同选择。对中国来说，智能电网对未来可持续发展更为关键和必要。

针对智能配电网在环境、市场、安全与电能质量等方面的要求，着重对电网进行升级换代，建立智能化统一电网；最大限度地发挥电网的价值和效率，逐步实现太阳能、风能、小水电站能源的统一入网管理；全面推进分布式能源管理，创造世界上最高的能源使用效率，建造具有中国特色的智能电网，是未来中国电力发展的方向。

（二）智能配电网自动化建设内容

1. 配电开关操作机构的改造

为了满足智能配电网自动化建设的实际要求，对配电线路中的柱上开关设备进行必要的改造，对 10kV 真空断路器进行改造，实际上就是将原来的手动操作机构更改为电动操作机构；对于隔离刀闸的改造，主要是将原有的三个相互独立的隔离刀闸更换成三相一体式的隔离刀闸，并在其传动轴的一侧，对其增设电动操作机构，尽可能地靠近柱体侧，在电动机构和断路器机构之间实现了电器闭锁，当断路器没有实现分闸的时候，隔离刀闸可以不允许动作；另外，还要在断路器的两侧分别装设 PT 和 CT。

2. 配电终端智能控制器的设置

在对配电开关操作机构实现改造之后，要在现场开关设备的位置处增设配电终端的智能控制器，主要包括重合器控制器和通信终端单元这两个部分。其中的重合器控制器具有配电网自动化的数据采集功能，对线路的实时电压和电流等信息进行采集；同时也是继电保护的执行单元，对开关设备发送操作指令等；且在重合器控制器的内部装有蓄电池，当出现故障而发生断电的问题时，设备仍然可以保持正常的工作。通信终端则是将采集到的信息传输到后台系统当中，同时接收系统所发出的遥控和遥测指令，并转发给重合器控制器。

3. 配电开关监视设备的安装

电力系统的建设对于自动化技术提出了越来越高的要求，越来越多的电力部门希望能够借助"遥视"这一新的技术来对配电网络的运行状态实现有效的监控，因此要安装配电开关的监视设备，该设备主要是由监控中心、网络摄像图和F3423Router几个部分所构成。对于网络监控头而言，其能够直接完成对数字信号的输出，不需要再另外加装中间视频转换器，且通常具有两种网络，当发生故障的时候能够快速地切换到另一种运营商的网络，实现了数据的无间断传输，保证了配电业务的正常运营。需要注意的是，由于摄像头极易受到恶劣户外环境的影响，因此要尽可能地选择红外和防水的摄像头。

4. 通信通道的建设

通信系统的建设通常情况下是由智能配电网自动化的规模、复杂程度和预期效果所共同决定的，在实际建设中最为常见的一种方式就是移动通信和光纤通信相结合的综合通信方式，其优势在于能够为每一条信道提供最为适合的通信方式。对于通信通道的建设，首先要进行数据传输通道的建设，其次要进行视频信道的建设，再次为了保证数据的安全，还要在服务供应商和数据前置服务器之间建立专网的光纤通道，并在最后对现场的所有网络通信进行试验，确保通信通道的畅通。

5. 安全自动防护系统

安全自动防护系统主要具备的功能：①交直流电的切换功能：对交直流的供电方式予以支持，在失去交流供电的时候，系统能够实现模块的自动切换，在第一时间转换到直流供电。②安全防护功能：在输入和输出的位置处均采用进口的端子，信号的输出和输入则采用二级隔离的方式，且电流和电压的输入要经过电流互感器；且安装有安全的接地端子，保证接地电阻小于4Ω，并与外壳和大地保持牢固连接。③多种电压等级的电源供应功能：为了配合智能配电网的多样化供电模式，具有AC110V/DC110V、AC220V/DC220V、DC48V/DC24V等不同的输入电压。

6. 后台建设与运行

机房是智能配电网自动化系统建设中的网络中枢，对整个系统的实际运行情况会产生直接的影响，其中心机房主要包括主设备负载和辅助设备负载量方面。其中的主设备负载指的是计算机、网络系统及其外部设备等，对于供电质量的要求较高，因此要采用直流设备来提高其稳定性；辅助设备负载则是指照明设备、空调设备、测试设备和动力设备等；一般情况下，直流设备的建设应该满足指标：5000W供电功率、48V供电电压、100AH电池以及24h供电能力。

三、智能配电网运行维护

配电网运行状态是指在一定时间与空间尺度下，由系统和设备运行状况、环境、市场及主体行为等因素所构成的系统状态。配电网运行状态感知则是基于广域测量系统及多种数据库，采用数据挖掘、动态状态辨识、运行状态分析、可视化等技术，实现配电系统运行关键动态数据的测量、处理和分析，达到对主要运行行为的测量、辨识和显示，实现对当前配电网运行状态的获取和理解。

（一）配电网运行状态估计

配电网状态估计作为配电管理系统的重要组成部分，它的主要功能是利用系统量测数据，根据最佳估计准则排除偶然的错误信息和少量不良数据，估计或预报系统运行状态，并为配电管理系统的高级应用软件提供完整可靠的实时数据。因此，高效、可靠的配电网状态估计有利于保证配电管理系统的正常工作并发挥其功能，从而在一定程度上提高配电网运行的安全性和经济性。

配电网状态估计是在给定配电网结构的条件下，利用量测数据的冗余度来提高系统实时信息的可靠性与完整性，估计或预报系统的实时运行状态。配电网状态估计可直接利用的实时量测数据主要是节点电压幅值、支路电流幅值和少量的功率量测，而且在配电网状态估计研究初期受配电网自动化水平低的影响，通常无法采集到负荷节点功率量测。

为了有效地利用冗余的量测数据，配电网状态估计需要综合考虑配电网模型和系统量测量特征，建立相应的量测方程来处理各种不同类型的量测量，保证状态估计结果的准确性。因此，配电网状态估计问题的重难点是如何根据配电网模型和量测配置特点，建立相应的量测方程，并按照最佳估计准则快速、准确地获得最佳估计值。

1. 网络模型

我国配电网接线方式主要有三相三线制和含中性线的三相四线制两种方式。针对配电网三相不平衡问题，国内外文献现已深入地研究了两种配电网的三相型，其中配电网三相潮流模型的研究文献较多，配电网三相状态估计方法研究相对较少，且主要侧重于研究三相三线制配电网状态估计。这种结构在我国电力系统中则十分常见，如 10kV/380V 电网等。

2. 负荷模型

配电网状态估计中使用的量测数据包括实时量测、虚拟量测和伪量测。实时量测是由 SCADA 或 PMU 实时采集变电站和关键负荷节点的量测量，具体包括电压幅值、电流幅值、节点注入功率、支路功率量测等；虚拟量测是无需测量装置即可得到且能保证总是正确的数据，如配电网中联络节点的零注入功率；伪量测则是根据经验或历史数据人工增加且实际上不存在的量测，其精度较低。实用中，对于没有配置测量装置的负荷节点，为满足系统可观测经常要求根据经验或历史数据（如通过营销系统获得的滞后数据）人工增加注入功率量测。

3. 配变电源节点状态估计模型

在配电网状态估计中，由于配电网结构复杂且规模庞大、实时量测信息少以及各条馈线除了变电站根节点外无电气联系，现有研究一般是把变电站点作为根节点对各条馈线分别进行状态估计。

在正常情况下，配电 SCADA 系统能够及时地获得变电站节点的实时量测信息，包含三相节点电压幅值、三相支路功率和三相支路电流幅值量测。在配电三相潮流计算过程中一般是将变电站节点或馈线根节点处理为平衡节点，假设相电压对称且已知，在潮流计算过程中选取变电站节点电压作为相位参考而不参与迭代计算。在配电网三相状态估计中，现有文献对变电站节点的处理方法类似于三相潮流计算中的处理方法，认为变电站电源节点的实时量测信息精度较高，但假设变电站高压侧节点的三相电压对称且已知，在状态估计求解过程中不参与迭代计算。

4. 配电网状态估计算法

电力系统状态估计算法就是根据状态估计的量测方程和系统所有量测量，按照最佳估计准则获取系统最优状态估计值的计算方法。根据状态变量的选取不同，配电网状态估计算法可以分为以节点电压为状态变量、以支路电流为状态变量和以支路功率为状态变量的方法。同时随着新理论技术的发展，也出现了其他新的配电网状态估计方法。

（1）以节点电压为状态变量。该类方法将节点电压作为状态变量，可以说是广义的潮流计算方法，通过建立雅可比矩阵，迭代求解目标函数。基于最小二乘法类算法的状态估计模型简单，计算效率较高，保证了有效性、无偏性、一致性和稳健性，能适应多种类型的网络及量测。但是由于雅可比矩阵在每次迭代中都要重新计算且不对称，导致计算量大、计算时间长。因此后续研究引入了量测变换技术，将电压、电流幅值和功率量测等效变换成节点注入电流相量量测，从而实现量测雅可比矩阵常数化。但是，利用量测变换得到的等效量测并非真实量测，而且电压电流幅值量测权重与电压电流相量量测权重的变换过程并不等价，也将影响状态估计效果。

（2）以支路电流为状态变量。该类方法以支路电流相量为状态变量，利用量测变换方法将负荷功率量测和支路功率量测等效转换为相应的负荷电流相量量测和支路电流相量量测。但该方法难以处理电压幅值量测，对于存在大量电压幅值和支路电流幅值量测的情况，该方法估计效果较差。

（3）以支路功率为状态变量。与基于等效支路电流量测变换的思想类似，这类方法利用量测变换技术，将节点注入功率转换为等效支路功率量测，得到三相解耦的雅可比常数阵，因此，该方法能够有效地处理大量的功率量测，且不要求功和无功成对出现。但是这类方法最早提出时只适用于仅有实时功率量测的系统且没有给出电压和电流幅值量测的处理方法。

（二）移动互联网智能配电网运维

1. 移动互联网智能配电网运维信息采集技术

分析当前智能配电网整体的发展状况可知，我国智能配电网运维的发展和建设并不完善，在地理位置上呈现不平衡发展状态。一些地区受经济发展程度、交通及气候环境等因素制约，配电网运维工作较为落后，还是以人工巡线方式进行电力系统运营工作，虽然耗费了较多的人力、物力及财力，但是电力系统工作效率和质量都并不突出，还存在工作时长较长、工作进度进展较慢的问题。特别是在智能配电网运维电力故障工作中，传统的工作方法只能通过人为排查进行故障问题的判断和检修，并不能及时有效地解决故障问题，对故障问题的判断和分析不到位。

移动互联网技术的有效应用，将配电网运维故障数据进行了良好的收集和分析，将整体的配电业务互联网化。将供电设备和检修设备接入互联网，借助互联网对设备进行检修和控制，实现有效的数据收集和控制，进而对整个配电网运维进行管理和控制。通过比对配电网出产数据和实际的运行数据，对设备进行监督和管控。通过电线路上的电压数值进行数字信号的转换处理，有效地对收集到的数据进行运算。根据不同类型的数据表现，划分出不同类型的故障问题。

2. 移动互联网智能配电网运维电力故障鉴定技术

智能配电网运维工作是有一定频率的，运用定时器在工作频率内进行定时的数据采集和分析，从而确定出正常的数据范围。实际工作中收集到的信息要与参数值进行比对，一旦出现工作数据不在参数值范围内，就要运用移动互联网程序对数值进行及时发送，并进行故障问题的鉴定和判断。配电网运维工作出现故障时，应通过移动互联网对相关设备进行检修，要制定工作报告，分析故障原因和解决故障的工作途径。根据设备故障问题和预计维修效果，并结合维修成本选择最佳的故障维修方案设计。维修后还应当对设备的数据进行再一次采集，与参数值进行比对，判断设备的运行状态，分析易发生故障问题的原因，从而对故障问题进行预测和防治。

维修故障问题时，应当对工作人员的工作素质和专业知识进行严格要求。故障维修人员应当有效地掌握设备运行数据，并进行准确分析和收集，应当记录维修数据和问题，对相关工作内容进行整理和收集。企业应当加强对工作人员的素质和专业知识的培训，提升工作人员的技术水平；通过不断的模拟训练等，推进工作人员的技术创新；还应当组建工作人员技术交流平台，让工作人员能够将一些实际故障问题进行充分的讨论和交流，创新工作思路。

移动互联网智能配电网运维数据共享。进行智能配电网运维工作时，应当要求工作人员对用户需求和故障问题等进行解决和检修。工作人员应当对运维工作进行有效积累，设置工作档案，便于后期工作人员的技术交流和工作交流。工作人员和专家之间应当保持充分的联系，遇到难题时，工作人员应当与专家进行及时的交流和制定解决方案，或者在专家的指导、帮助下，进行相关问题的解决，提升智能配电网的运维工作效率。应当推进专家和技术人员的工作经验交流，可以通过移动互联网进行网上连线沟通和远程指导。

第二节　配电网自动化开关故障处理与运行维护

配电网自动化开关投入使用后应按照区域情况、开关性能等做好巡检和保护，在智能监测系统基础上实时分析开关运行状态，确定开关是否能够高质量地完成输配电调控任务。在发生故障后，应第一时间根据监测系统中的各项信息与智能决策，快速开展现场检查和故障处理，有目的性、有针对性地展开自动化开关维修并完整记录，以减少同类型事故发生概率，从根本上推动配电网建设和发展进程。

一、开关的选择

（一）开关选择的原则

不论是一个完整的区域电网，或者是一条配电线路，或者是配电线路的一个区段，在选用开关设备时，所应该遵循的原则是：

（1）有利于消除瞬时性故障。

（2）分闸后闭锁只应限于发生永久性故障的情况。

（3）分闸后闭锁切除的线路区段应尽可能少。

因为影响一个系统或一条线路布设开关的因素有系统类型、环境条件、允许停电的时间和次数、经济承受能力、发展情况等，因此，在遵循上述原则时各施用单位应根据本单位的具体情况妥善地加以实施，上述原则只能作为开关设置总体上的推荐意见。

（二）选择开关的技术数据

选用开关布置时，下述技术数据和系统特征是必须知道的：第一，简明的系统图。图中应包括线路结构、重要负荷、供电相数、地形地貌以及危及安全的设施。第二，电流参数。其中包括最大和最小可能的故障电流、最大负荷电流、起动时的浪涌特性。第三，阻抗参数。线路的正序、负序和零序阻抗，线路 X/R 值。第四，变压器参数。其中包括接线方式、变比、阻抗百分比以及变压器的额定值和临界损伤曲线。

（三）选择开关动作特性的原则

1. 农网线路的设备组合

农网的特点是线路长，负荷分布广，短路电流及负荷电流较小，短路电流与负荷电流的比值高，且支线较多。对于这种线路，设备的组合方式是：

（1）支线上宜采用重合器与熔断器配合。

（2）干线和重要分支，宜采用重合器与分段器配合。

2. 城网设备的组合

城网的特点是负荷密度高和负荷电流大，且因导线截面积大，短路电流也大，故干线和支线多采用重合器与分段器配合。

3. 适用采用重合器与分段器配合的线路

（1）分支线长，用户多。

（2）希望切除瞬时性故障。

（3）当几个电流等级的熔断器串联导致分支首端熔断器规格过大时。

（4）在合闸状态下希望有通过短路电流的能力和关合短路电流的能力。

（5）在主干线不希望停电，或分支线故障率高的情况下，此时首先选用重合器。

（6）当重合器与后续熔断器配合困难，或主干线上后备开关所能检测的最小故障电流能延伸到分段器保护区末端时，宜优先选用分段器。

二、配电网自动化开关故障处理

注重配电网开关故障的处理，制定相应的运行维护措施，可全面降低开关故障的发生，保障开关动作的精准性，以此延长开关的使用年限。结合实际，下面分析配电网自动化开关故障及其处理。

（一）常见故障

为了确保配电网自动化开关应用效果良好，优化其使用功能，则需要加强配电网自动化开关常见故障分析。这些故障包括以下方面。

1. 线路跳闸引发的开关故障

配电网自动化开关会受到环网柜、开闭分路的影响(主要为短影响)，使得实际运行中分路故障发生概率增加。同时，若环网柜与开关所电气距离较近，会影响配电网自动化开关保护选择性，难以凸显其应用价值，甚至会扩展影响范围，降低开关应用精准性，这无疑会对配电网自动化开关正常工作造成不利的影响。

2. 恶性电气引发的开关故障

这一故障指的是明知可能对设备、人员造成损害的前提条件下，未能采取保护或应对措施，直接进行操作。在这些因素的影响下，会加大配电网开关故障发生概率，从而对设备、人员的人身安全等产生潜在威胁。在此期间，若发生带地线合断路器问题，且对其中产生的短路电流(强大)无法精准判断，使得开关事故发生(多为爆炸事故)，将威胁人员安全，影响设备性能，或造成更加严重的影响。

3. 恶劣天气引发的开关故障

配电网线路大多都裸露在室外，经常会因为不可抗的自然环境原因造成设备损害。一般经常出现的原因有风力原因、降水原因、闪电原因等。其中，由于夏季气候特殊，经常出现雷电情况，若设备遭受雷击，必然会导致设备损坏以及绝缘网络的情况。雷击故障一般有两种形式，即直击雷和感应雷。直击雷就是指直接遭受雷击，通常情况较为严重，可能导致整条配电线路无法正常运行；而感应雷则相对受影响后果较小，但是发生的频率比较高。若经常出现此情况，基本是由于避雷器绝缘子质量不佳或是由于配电网线路没有采取有效的避雷措施或自动化开关区域内避雷装置不达标，导致遇到特殊情况避雷装置没有发挥其应有作用。

（二）故障处理

1. 跳闸故障的处理方法

在集中型馈线自动化模式下，控制处理故障的方式为：主站集中控制，确保配电网所有数据的采集控制工作的顺利进行，并通过区域内终端信息来集中性地识别、确定、隔离故障区域，并将非故障区域尽快恢复正常供电。

在就地型馈线自动化模式下，控制处理故障可根据其类型分为两种情况：①重合器方式。就地控制，不依赖通信，使用重合闸、分段器顺序重合隔离故障，并恢复非故障区域的正常供电；②智能分布式。就地控制，在子站同终端、终端同终端之间，利用对等通信来进行数据的交换，通过子站操控迅速完成故障隔离和供电恢复，并且在通信出现故障时，自动调整为重合器方式。

2. 电气故障的处理方法

为有效避免人为因素造成的开关故障，要综合考虑电磁锁的安装位置，尽量将其安装在接地刀闸操作孔上，强制性锁闭线路地刀，减少线路侧带电条件下对配电网自动化开关产生的影响，以此保障配电网线路的良好运行，维护工况质量。

3. 恶劣天气故障的处理方法

为排除这一因素的影响，要重视绝缘子的选取，尽量选择耐压等级高的绝缘子并落实好配电网自动化开关故障处理工作，使得其性能不受影响。同时还要注重台区避雷装置的检查工作，对性能不好或与实际要求不符的避雷设备及时更换，并在配电网自动化开关工作区域设置好避雷设备，将这类设备安装于指定的位置，从而降低配电网自动化开关应用中因雷击因素而引发的故障发生概率。

三、配电网自动化开关运行维护

根据智能诊断系统，人员可以快速确定配电网自动化开关的故障原因，在该基础上对症下药，从而减少快速恢复区域输配电，提升用户用电质量。常见故障处理时可以直接采用系统决策进行针对性处理，而日常维护时则应做好如下工作。

（一）科学运作，加强监督

必须开始运行和维护，以确保正常运行。为了确保其正常运行，必须安装适当的科学控制系统，该控制系统必须保护断路器的运行。首先，有必要通过培训加强员工培训，提高员工的责任感。在此基础上，隔离开关的管理和维护应按照适当的标准化流程进行。此外必须采取预防措施，不仅要做好系统的设置，而且要确保系统的有效实施，严格按照系统要求进行定期检查和禁用管理；特别是在夏季、冬季和晚上等用电高峰期，应加强对隔离开关的监控，并应使用专业的温度测量仪器和超声波故障检测仪对隔离开关进行全面检测。检查和监视有助于及时发现问题，及时发现和纠正潜在的隐患，以在出现问题之前加以预防，同时采取有效措施及时消除这些问题，并确保整个隔离开关的正常运行。

（二）加强系统保护

配电网自动化系统具备的复杂性特点使得工作人员的工作与管理困难度增大。在具体的运行工作中，需投入众多的工作人员与设备。由于系统运行的稳定性要求高和高新技术的更新速度快，在具体的配电网自动化建设活动中，对系统进行保护与维修十分重要。配电网自动化体系运用大量设备获得信息、数据资源，运用有线网络系统、无线网络系统实现信息交流对不同的数据信息进行创新和总结。为了确保配电网自动化系统实现高效率运作，加强对整体系统的保护与维护至关重要。

从整体系统保护与修复工作内容角度来讲，一是严格检查并修复电网配电系统的主体设备；二是严格检查并修复信息交流管线；三是详细检测并清洁修复计算机设备；四是针对城区构建与装置的修复和信息录入；五是在系统运作的过程中，严格检测并确保信息收录的安全性、电源的安全性、接线的安全性。

（三）建立良好的运行维护机制

为了更好地符合制度要求，优化运行维护方式，确保自动化开关的正常运行，就要使用科学合理的维修方式进行工作，要建立良好的运行机制来进行制度完善。根据配电网的实际运转方式做出合理的分析，改变工作想法，丰富自身工作经验，积累实践知识，根据不同的分类要求，进行相关制度的制定，确保配电网的合理运营，更好地满足配电网的自动化开关要求。另外，工作人员还要根据配电网的运营方式，找到与时代吻合的发展道路，通过增强自身的发展理念，找到适合企业的发展道路，最终帮助配电网自动化开关稳定发展。

（四）把握采购设备质量

在采购相关电力设备设施时，尽量选择那些具有良好电力产品信誉、对电网系统行业了解较深的电力专业公司所研发制造的产品，优先选择取得国家相关认证资质、达到相关产业标准并且通过质检部门检测的合格产品，确保所购产品设备质量合格。

参考文献

[1]《配电网新设备与新技术》编写组. 配电网新设备与新技术［M］. 北京：中国水利水电出版社，2006.

[2]《配电网新技术与新设备指南》编写组. 配电网新技术与新设备指南［M］. 北京：中国水利水电出版社，2011.

[3] POUGET J. 电网［M］. 李文沅，译. 重庆：重庆大学出版社，1988.

[4] 艾芊，郑志宇. 分布式发电与智能电网［M］. 上海：上海交通大学出版社，2013.

[5] 安晋岩. 网格化配电网的规划方法研究［J］. 中国科技期刊数据库，2019（5）：229-230.

[6] 白星振，刘瑞国. 现代供配点技术［M］. 北京：北京航空航天大学出版社，2020.

[7] 曹华珍，王承民，吴亚雄，等. 配电网可靠性规划［M］. 北京：机械工业出版社，2022.

[8] 曹永新，胡小正，国家电网公司农电工作部. 农网供电可靠性培训教材［M］. 北京：中国电力出版社，2006.

[9] 车晓涛. 配电网故障定位技术［M］. 北京：中国电力出版社，2021.

[10] 陈彬，张功林，黄建业. 配电自动化系统实用技术［M］. 北京：机械工业出版社，2015.

[11] 陈堂，赵祖康，陈星莺，等. 配电系统及其自动化技术［M］. 北京：中国电力出版社，2003.

[12] 陈文高. 配电系统可靠性实用基础［M］. 北京：中国电力出版社，1998.

[13] 陈晓英. 配电系统及其自动化［M］. 沈阳：东北大学出版社，2018.

[14] 陈旭. 现代配电网规划［M］. 天津：天津科学技术出版社，2013.

[15] 程利军. 智能配电网［M］. 北京：中国水利水电出版社，2013.

［16］程林，何剑. 电力系统可靠性原理与应用［M］. 2版. 成都：西南交通大学出版社，2015.
［17］方富淇. 配电网自动化［M］. 北京：中国电力出版社，2000.
［18］方向晖. 中低压配电网规划与设计基础［M］. 北京：中国水利水电出版社，2004.
［19］冯庆东，毛为民. 配电网自动化技术与工程实例分析［M］. 北京：中国电力出版社，2007.
［20］傅美平. 电网协调程度评估及协调规划方法研究［D］. 郑州：郑州大学，2010
［21］高庆敏等. 低压配电线路实用技术［M］. 北京：中国电力出版社，2012.
［22］葛延友. 供配电技术［M］. 北京：北京航空航天大学出版社，2009.
［23］龚静. 配电网综合自动化技术［M］. 3版. 北京：机械工业出版社，2019.
［24］龚于庆，向文彬. 供配电线路工程［M］. 成都：西南交通大学出版社，2011.
［25］广东电网公司，余兆荣. 配电自动化［M］. 北京：中国电力出版社，2011.
［26］郭壮志. 配电网馈线故障辨识的优化技术［M］. 郑州：黄河水利出版社，2017.
［27］贵州电网有限责任公司组. 县级智能配电网建设改造与运营管理［M］. 北京：中国标准出版社，2018.
［28］国家电力调度控制中心组. 配电网典型故障案例分析与处理［M］. 北京：中国电力出版社，2018.
［29］国家电网有限公司运维检修部组. 配电自动化运维技术［M］. 北京：中国电力出版社，2018.
［30］国网河南省电力公司. 河南省配电网网格化规划作业指导书［M］. 郑州：黄河水利出版社，2019.
［31］国网江苏省电力有限公司. 配电网单元制规划［M］. 北京：中国电力出版社，2018.
［32］国网宁夏电力有限公司宁东供电公司. 智能配电网供电可靠性管理［M］. 北京：中国电力出版社，2022.

［33］国网浙江省电力有限公司. 配电自动化建设与运维［M］. 北京：中国电力出版社，2020.

［34］国网浙江省电力有限公司组. 配电自动化终端建设及改造［M］. 北京：中国电力出版社，2021.

［35］何惠清，韩坚，申益平. 增量配电网全过程多维精益化管理［M］. 镇江：江苏大学出版社，2020.

［36］何禹清，何红斌，彭建春. 配电网快速可靠性评估及重构方法［M］. 北京：科学出版社，2017.

［37］何正友. 配电网故障诊断［M］. 成都：西南交通大学出版社，2011.

［38］河南省电力公司. 城市中低压配电网建设改造技术细则［M］. 北京：中国电力出版社，2007.

［39］洪晓燕，周刚，张博. 配电网规划编制指南［M］. 北京：中国电力出版社，2022.

［40］胡列翔. 高可靠性配电网规划［M］. 北京：机械工业出版社，2020.

［41］纪瑞明. 配电网运行与检修［M］. 北京：中国工人出版社，1987.

［42］纪越峰. 现代通信技术［M］. 北京：北京邮电大学出版社，2020.

［43］蒋康明. 电力通信网络组网分析［M］. 北京：中国电力出版社，2014.

［44］焦留成. 实用供配电技术手册［M］. 北京：机械工业出版社，2001.

［45］蓝毓俊. 现代城市电网规划设计与建设改造［M］. 北京：中国电力出版社，2004.

［46］李希元. 配电网故障诊断及隔离技术专利分析［M］. 大连：大连出版社，2021.

［47］李颖，张雪莹，张跃. 智能电网配电及用电技术解析［M］. 北京：文化发展出版社，2019.

［48］林永军，施玉杰. 配电网自动化实用技术［M］. 北京：中国水利水电出版社，2008.

［49］刘健，倪建立. 配电自动化系统［M］. 北京：中国水利水电出版社，1999.

［50］刘健，宋国兵，张志华，等. 配电网单相接地故障处理［M］. 北京：中国水利水电出版社，2018.

［51］刘健，张小庆，张志华，等．配电网单相接地故障处理实践［M］．北京：中国电力出版社，2023.
［52］刘健，张志华．配电网故障自动处理［M］．北京：中国电力出版社，2020.
［53］刘军，国网北京市电力公司培训中心组．配电网规划计算与分析［M］．北京：中国电力出版社，2017.
［54］刘凯，赵发平．配电网故障诊断及处理［M］．徐州：中国矿业大学出版社，2019.
［55］刘树森．配电网规划设计技术［M］．沈阳：辽宁大学出版社，2017.
［56］刘渊，李镇春．配电网馈线自动化与故障处理［M］．北京：中国水利水电出版社，2019.
［57］罗毅，丁毓山．配电网自动化实用技术［M］．北京：中国电力出版社，1999.
［58］马文营．配电网运行与检修［M］．成都：四川科学技术出版社，2017.
［59］孟晓芳．基于规划平台的配电网规划方法［M］．北京：科学出版社，2021.
［60］朴在林，孟晓芳．配电网规划［M］．北京：中国电力出版社，2015.
［61］舒印彪．配电网规划设计［M］．北京：中国电力出版社，2018.
［62］宋新明．城市配电网网格化规划技术与应用［M］．北京：中国电力出版社，2020.
［63］隋振有．中低压配电实用技术［M］．北京：机械工业出版社，2001.
［64］万凌云．高可靠性配电网关键技术及应用［M］．北京：中国电力出版社，2015.
［65］王超．“一图一表”村镇配电网规划基础理论与实践［M］．济南：山东大学出版社，2020.
［66］王立新．配电自动化基础实训［M］．北京：中国电力出版社，2018.
［67］王平．电力系统机网协调理论与管理［M］．成都：四川大学出版社，2011.
［68］王琼，蓝耕．配电线路 初级工［M］．北京：中国电力出版社，2001.
［69］王秋红，兰琴．配网继电保护及自动装置［M］．成都：电子科技大学出版社，2014.
［70］武利会，刘昊，曾庆辉．配电网用户侧供电可靠性分析与评估［M］．北

京：中国水利水电出版社，2020.
［71］向婷婷. 低压配电网规划方法研究［D］. 重庆：重庆大学. 2012：25.
［72］肖树. 国网江苏省电力有限公司配电网规划业务指导手册［M］. 武汉：华中科技大学出版社，2020.
［73］许继和，韩坚，刘松. 主动配电网断线故障快速监测技术［M］. 镇江：江苏大学出版社，2022.
［74］许克明，熊炜. 配电网自动化系统［M］. 重庆：重庆大学出版社，2007.
［75］杨赫. 利用网格化规划配电网建设［J］. 网络与通信，2020（12）：157.
［76］杨鲲鹏. 电力企业典型应用技术创新研究［M］. 武汉：华中科技大学出版社，2018.
［77］杨期余. 配电网络［M］. 北京：中国电力出版社，1998.
［78］姚艳. 配电网网格化规划设计［M］. 北京：中国电力出版社，2021.
［79］叶咏梅，李军. 城市配电网格化规划探讨［J］. 黑龙江电力技术，1998，20（3）：141-144
［80］殷伟斌. 新型城镇化配电网规划设计［M］. 北京：中国电力出版社，2019.
［81］雍静，杨岳. 供配电技术［M］. 北京：机械工业出版社，2021.
［82］袁钦成. 配电系统故障处理自动化技术［M］. 北京：中国电力出版社，2007.
［83］张恒旭，王葵，石访. 电力系统自动化［M］. 北京：机械工业出版社，2021.
［84］张建宁，吕庆国，鲍学良. 智能电网与电力安全［M］. 汕头：汕头大学出版社，2019.
［85］张志刚，熊巍. 配电系统自动化［M］. 北京：中国水利水电出版社，2015.
［86］赵志强. 配电网规划概论及实践［M］. 北京：电子工业出版社，2018.
［87］中国电力科学研究院有限公司配电技术中心组. 配电网目标网架结构规划与设计 高压分册［M］. 北京：中国电力出版社，2019.
［88］中国南方电网有限责任公司. 配电自动化运维指南［M］. 北京：中国电力出版社，2020.
［89］周武仲，胡静. 中低压配电设备选型与使用 200 例［M］. 北京：中国电力

出版社，2006.
[90] 朱卫平. 配电自动化终端运维实训［M］. 北京：中国电力出版社，2021.
[91] 徐明，杨诂. 基于移动互联网的智能配电网运维技术探讨［J］. 通信电源技术，2019，36（06）：122-123.
[92] 孟祥柱. 智能配电网自动化建设初探［J］. 通讯世界，2016（2）：246-247.
[93] 张波. 配电网自动化开关故障处理及运行维护［J］. 科技创新导报，2020，17（09）：65-66.
[94] 麦宇恒. 配电网自动化开关故障诊断方案探究［J］. 电气开关，2021，59（2）：4-6.
[95] 李明明. 配网开关的运行维护与故障处理［J］. 电力系统设备，2020（21）：139-140.